国家自然科学基金项目"坑道瞬变电磁全程高分辨成像方法研究"(41702177)资助

坑道瞬变电磁全程高分辨成像方法与装备

胡雄武　张平松　著

中国地质大学出版社

图书在版编目(CIP)数据

坑道瞬变电磁全程高分辨成像方法与装备/胡雄武,张平松著. —武汉:中国地质大学出版社,2024.9. —ISBN 978-7-5625-5939-9

Ⅰ. P631.3

中国国家版本馆 CIP 数据核字第 2024PA1402 号

坑道瞬变电磁全程高分辨成像方法与装备	胡雄武 张平松 著
责任编辑:龙昭月　　　　　　　　选题策划:龙昭月	责任校对:徐蕾蕾

出版发行:中国地质大学出版社(武汉市洪山区鲁磨路388号)	邮编:430074
电　　话:(027)67883511　　　传　　真:(027)67883580	E-mail:cbb@cug.edu.cn
经　　销:全国新华书店	https://cugp.cug.edu.cn
开本:787mm×1092mm　1/16	字数:256千字　印张:10.75
版次:2024年9月第1版	印次:2024年9月第1次印刷
印刷:广东虎彩云印刷有限公司	

ISBN 978-7-5625-5939-9　　　　　　　　　　　　　　　　　　　　　　定价:98.00元

如有印装质量问题请与印刷厂联系调换

前　言

近几年的国民经济和社会发展统计公报及《新时代的中国能源发展》白皮书均表明，煤炭是我国未来 30 年的主导能源，发挥着基础和兜底保障作用。根据自然资源部的最新数据，我国已探明的煤炭资源总量是 5.57 万亿 t，其中埋深在 1000m 以下的资源量占 53%。随着浅部资源逐渐枯竭，我国煤炭开采正以平均 8~12m/a 的速度向深部延续，大多数煤矿已进入深部煤层开采阶段，所面临的安全开采威胁巨大，深部瓦斯、水、冲击地压等灾害相互耦合，成灾机理复杂，防治愈加困难，严重影响煤矿安全高效生产。为保障新时代我国国民经济和社会发展，煤矿智能化建设显著加快，矿井地质保障技术与装备是其重要基础支撑；2020 年国家发展和改革委员会、国家能源局等八部门联合印发的《关于加快煤矿智能化发展的指导意见》(发改能源〔2020〕283 号)明确指出，精准地质探测是推进科技创新和提高智能化技术与装备水平的关键突破点。因此，地球物理技术作为矿井地质探测的必需手段，深入研究其基础理论、装备及精准探测方法显得尤为重要。

基于矿山水害探测需求，本书以坑道瞬变电磁方法为研究对象，围绕全空间瞬变电磁响应理论、全程视电阻率及其扩散叠加成像方法、坑道探测影响因素分析与干扰校正、矿用瞬变电磁装备和工程应用开展研究，形成了坑道瞬变电磁全程高分辨成像技术与装备体系。

本书得到国家自然科学基金项目"坑道瞬变电磁全程高分辨成像方法研究"(41702177)资助。全书共 6 章，由安徽理工大学胡雄武和张平松撰写，全书文字及插图由胡雄武审校。本书在撰写过程中引用的大量工程实例、实测案例等大部分来源于本课题组的水害探测项目，安徽理工大学吴荣新、郭立全、付茂如和肖玉林等老师在书稿编写过程中提出了宝贵意见，陈人峻、邱实、於浩、王莹等研究生在书稿资料整理和图件绘制方面做了大量的工作，在此一并表示深深的感谢。

由于时间紧迫和笔者水平有限，书中难免出现不足之处，敬请广大读者批评指正。

2023 年 11 月于淮南

目 录

第1章 绪 论 (1)
1.1 研究背景 (1)
1.2 研究现状 (2)
1.3 存在问题 (8)
1.4 主要内容 (9)

第2章 基于多匝方形线圈源的全空间瞬变电磁探测理论 (11)
2.1 多匝方形线圈的激励场理论 (11)
2.2 多匝方形小线圈源的阶跃瞬变电磁场响应 (14)
2.3 瞬变电磁场FDTD模拟算法 (20)
2.4 坑道超前不同含水体的瞬变电磁场响应模拟与分析 (33)

第3章 全空间瞬变电磁全程高分辨成像方法 (54)
3.1 瞬变电磁场观测方式 (54)
3.2 考虑关断时间影响的全空间全程视电阻率计算 (55)
3.3 视电阻率扩散叠加成像方法 (71)
3.4 物理模型试验 (75)

第4章 高精度矿用瞬变电磁装备研发 (81)
4.1 瞬变电磁硬件开发 (81)
4.2 软件开发简介 (112)

第5章 坑道瞬变电磁探测影响因素分析 (118)
5.1 金属干扰影响 (118)
5.2 线圈耦合距对坑道瞬变电磁场的影响 (128)

第6章 工程实践案例 (143)
6.1 坑道超前探测应用 (143)
6.2 采煤面探测应用 (149)

主要参考文献 (156)

第1章 绪 论

1.1 研究背景

随着中国经济的持续快速发展,能源需求日益增长。根据国家统计局的初步统计资料,2021 年我国原煤产量达到 43.3 亿 t,占能源消费总量的 56.0%,同比增长 4.6%。在"十四五"规划期间及未来较长时期内,煤炭工业面临改革与发展的双重机遇与挑战。我国宏观经济预计将保持中高速增长,能源需求亦将持续稳定增长。根据近几年的国民经济和社会发展统计公报及《新时代的中国能源发展》白皮书,作为我国未来 30 年的主导能源,煤炭在能源结构中的基础和保障作用不可替代。随着国家对煤炭资源开采总量的增加,煤炭开采正逐步向深部发展。目前,大多数煤矿已进入深部煤层开采阶段,面临着深部瓦斯、水害、冲击地压等多重安全威胁。这些灾害的成灾机理复杂,防治难度大,对煤矿安全生产构成了严重影响。因此,实现煤矿安全、智能、精准开采,是推动煤炭行业高质量发展的关键。国家发展和改革委员会及国家能源局等八部门联合发布的《关于加快煤矿智能化发展的指导意见》(发改能源〔2020〕283 号)明确指出,精准地质探测是提升智能化技术与装备水平的关键。地球物理技术作为坑道地质探测的重要手段,其基础理论、装备及精准探测方法亟待深入研究。

坑道掘进,包括巷道、隧道等,常遭遇水害等多种灾害,这些灾害直接影响坑道的安全与掘进效率。随着煤层开采向深部推进,矿井水文地质条件变得更加复杂,水害防治工作面临严峻挑战。由于对坑道掘进工作面前方水文地质条件的认识不足,水害事故频发,导致坑道掘进暂停、生产中断,甚至造成严重的人员伤亡和巨大的经济损失。统计资料表明,煤矿水害事故多发生在坑道掘进过程中。例如,2020 年 4 月 28 日,山西鑫峪沟煤矿因盲目掘进接近断层对盘的采空区积水坑道,导致透水事故,造成 3 人被困,后经救援成功获救。2020 年 8 月 16 日,甘肃殿沟煤矿在采掘前未查明灌浆区内的浆水积存情况,爆破震动引发煤泥水混合物溃出,造成 1 人死亡。2020 年 11 月 11 日,山西万通源煤矿因未按《煤矿防治水细则》规定施工探放水钻孔,掘通废弃坑道引发透水事故,导致 5 人死亡。2021 年 4 月 10 日,新疆白杨沟丰源煤矿在掘进工作面接近井田边界时,综掘机掘透周边已关闭煤矿的越界废弃坑道,造成坑道被淹,导致 21 人遇难、8 人受伤。2021 年 7 月 15 日,珠海市兴业快线(南段)项目石景山隧道施工段发生透水事故,导致 14 名施工人员被困,并最终全部遇难。这些事故凸显了对坑道掘进工作面前方隐伏含水体进行超前预测预报的重要性。

在探查坑道掘进工作面前方可能存在的不良地质因素(如断层破碎带含导水、陷落柱含导水、采空区积水和岩溶富水等)时,常用的手段包括钻孔探测和地球物理探测。钻孔探测成本高,耗时长,且探查范围有限;而地球物理探测具有成本低、效率高、探查范围广等优点,已在煤矿探水中得到广泛应用。尽管坑道地球物理方法种类繁多,如坑道地震反射波法、坑道直流电法、坑道瞬变电磁法等,但受限于方法的敏感特性和坑道掘进空间,多数方法难以在掘进工作中得到应用。目前,坑道直流电法和坑道瞬变电磁法在坑道掘进工作面超前水害预测预报中得到推广。其中坑道瞬变电磁法因施工便捷、对含水区反应敏感、方向性强和探测距离远等优点而受到青睐。然而,由于仪器设备系统性能、数据观测信息量及数据处理与解释方法的限制,该方法在实际应用中的精度和效果尚未达到地质工作人员的认可标准和生产要求,需要针对关键技术问题进行深入研究。

为有效遏制煤矿重特大水害事故的发生和促进全国煤矿安全生产形势持续稳定好转,国家煤矿安全监察局(现国家矿山安全监察局)强调了煤矿防治水工作的重要性,并提出了"预测预报、有掘必探、先探后掘、先治后采"的原则,同时,明确要求加强防治水基础工作,认真落实井下探放水措施。在当前煤矿安全形势下,本书基于坑道瞬变电磁法的专项研究,旨在提高对坑道掘进工作面前方隐伏含水体的超前预测预报能力,以确保坑道的安全高效掘进。

1.2 研究现状

1.2.1 方法分类

瞬变电磁法(transient electromagnetic method,TEM)是一种时间域电磁勘探技术,其工作原理基于电流脉冲在地质介质中激发的瞬态电磁场。具体是通过仪器主机,利用发射线圈或接地电极向地下供入电流脉冲,形成一个方波信号;在电流恒流期间,地下介质中会产生相应的磁场(称为激励磁场或一次磁场)。当电流脉冲结束,即方波间歇期开始时,一次磁场迅速消失;由于地下介质具有一定的感抗特性,依据电磁感应定律,地下介质将激发出感应涡流;这些涡流不会立即消失,而是随时间的延迟而逐渐衰减。涡流的衰减速度主要取决于地下介质的导电性:导电性越强,涡流衰减得越慢;导电性越弱,涡流衰减得越快。在感应涡流衰减的同时,会产生一个与之相应的瞬变磁场,这个磁场会向发射线圈方向传播,并随着时间衰减。其衰减特征与感应涡流的电场相似。在实际勘探中,通过观测感应涡流产生的瞬变磁场或电场的衰减曲线,可以分析这些曲线的特征。根据曲线的变化,可以推断地下介质的电性分布情况,从而为地质结构的解释提供依据。瞬变电磁探测过程可简单划分为发射、电磁感应和接收3个阶段。其工作装置主要由发射机、发射线圈、接收机、接收线圈4个部分构成(图1-1)。

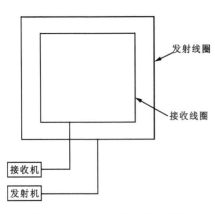

图1-1 TEM工作装置示意图

目前,针对不同的探测目标和应用领域,使用不同的装置进行观测。常用的瞬变电磁法为地面瞬变电磁法、坑道瞬变电磁法、地面-坑道瞬变电磁法、地-井瞬变电磁法。不同的工作方法在实际应用时存在各自的优势与不足。

(1)地面瞬变电磁法:通常为发射线圈与接收线圈均在地表的探测方法。其装置按测量装置的不同可分为测深装置和剖面测量装置;根据发射和接收线圈位置的不同又可分为定源类装置和动源类装置。具体组合的平面装置如图1-2所示,其中常用的为大定源线圈装置。如图1-2D所示,发射线圈(Tx)边长达1km以上,其空间位置固定不动,将边长较小的接收线圈(Rx)沿着与发射线圈一边相垂直的方向移动并进行测量。根据电磁感应定律,一般在发射线圈中心1/3面积内进行测量可有效降低边框效应的影响。由于该方法布设一次发射线圈能够实现多点同时测量,因此,工作效率相较于其他装置类型要高。

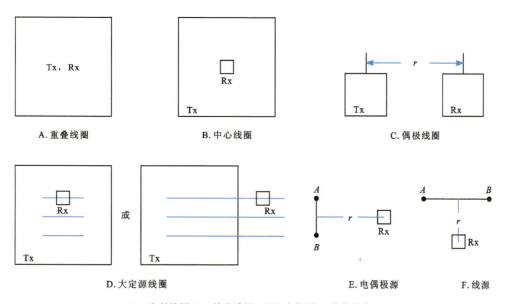

Tx.发射线圈;Rx.接收线圈;A/B.电偶源;r.收发距离。

图1-2 地面瞬变电磁常用装置示意图

(2)坑道瞬变电磁法:与地面瞬变电磁法不同,该方法是在坑道的有限空间内进行施工,如图1-3所示。坑道瞬变电磁法探测异常体方向指向性好,施工方便快捷,劳动强度小。受环境限制,坑道瞬变电磁法只能采用多匝小线圈的装置形式来增大磁偶极矩和有效接收面积,进而提高探测深度,而多匝线圈之间的自感和互感现象严重,会导致早延时数据紊乱,从而使勘探结果存在盲区,并且小线圈的有效探测距离通常在100m以内;同时该方法易受煤矿内仪器设备、金属管道等干扰,数据易产生畸变,导致探测结果精度较低,难以准确分辨实际的电性界面。

(3)地面-坑道瞬变电磁法:与地面瞬变电磁法类似,该方法在采煤工作面上方铺设定源发射线圈建立一次人工场,在井下工作面坑道及切眼布置接收点观测二次电磁场的衰减响应,以达到探测顶底板富水性状况的目的,如图1-4所示。地面-坑道瞬变电磁法具有以下

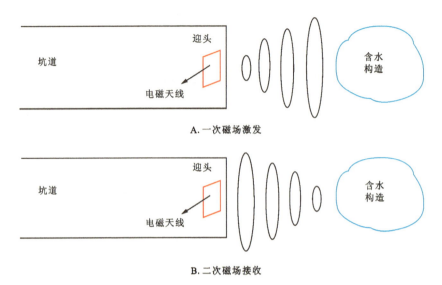

图1-3 坑道瞬变电磁探测示意图

优势:①探测深度大,可接收地面至井下所有的垂向地电信息;②信噪比较高,由于发射和接收不在同一空间,能够有效减小多匝发射线圈的自感效应和互感效应;③地面可采用大功率发射机进行一次磁场激发,但它存在发射线圈受地表起伏影响、接收区域仅限制于坑道及切眼内部、对工作面中心及外部区域分辨能力有限、勘探范围存在一定盲区等缺陷。

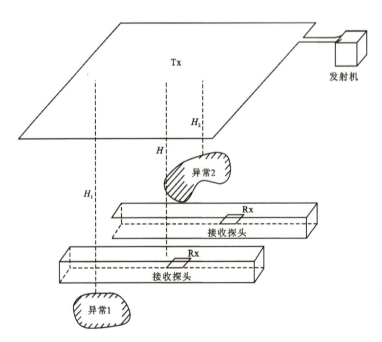

图1-4 地面-坑道瞬变电磁探测示意图

(4)地-井瞬变电磁法:将发射线圈铺设在地面钻孔附近,将接收探头放入钻孔中进行逐点测量,并接收异常响应信号。装置系统如图1-5所示。与上述装置不同,该装置沿垂向接收电磁波信号,在钻孔周围一定范围内具有较高的灵敏度,能大幅提升异常的垂向分辨率,能最大限度地发现深部隐藏矿体等。在实际应用过程中,由于在钻孔中进行观测,它的操作难度大,技术要求高,仅能反映钻孔附近区域的电性特征,横向分辨率不高,探测区域存在盲区。

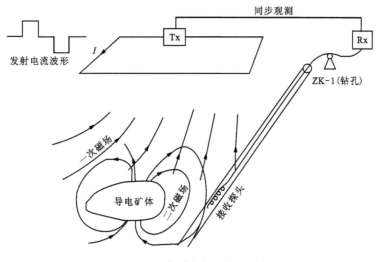

图1-5 地-井瞬变电磁探测示意图

1.2.2 探测理论

与地面半空间瞬变电磁方法不同,坑道瞬变电磁法为近似全空间应用场景。由于这种特殊性,对于一般的地电模型,该方法很难获得一维解析解,通常是借助二维或三维数值手段加以模拟,继而获得矿井空间中含水体的响应理论特征。相关文献资料显示,国外对该方法的研究始于20世纪80年代,主要针对一维层状介质中偶极子源条件下瞬变电磁场计算方法及其响应特征。我国坑道瞬变电磁研究工作起步于20世纪90年代,为满足国内煤矿防治水的迫切需求,我国在该项技术的应用与开发方面所做的工作相比国外的更多。1993年,方文藻教授在国家自然科学基金资助下率先开展了相关基础研究工作;1998年,于景邨从事了坑道瞬变电磁法的试验与应用工作,提出采用多匝小线圈装置进行坑道瞬变电磁探测的工作方法;刘志新等(2006,2009)进一步研究表明,多匝小线圈与地面单匝线圈的情况完全不同,前者造成了整个测试系统的阻抗、容抗和感抗之间的重新匹配。大量实践证明,利用共中心装置观测时,发射线圈与接收线圈之间互感效应非常强,对二次感应场有着明显的干扰作用,导致实测瞬变电磁场衰减曲线发生严重畸变,并使得求取的视电阻率与实际情况严重不符。2002年,白登海研究员领导的课题组开始对利用地下空间瞬变电磁法探测突水构造的方法技术问题进行研究。研究表明,与地面观测方式不同,坑道瞬变电磁法在观测时受坑道空间的限制,线圈周边介质都会对瞬变电磁场产生影响,使异常体的方位难以确定。经过多次试验,利用对坑道面不同方位进行观测对比,可对异常体方位作出较为准确的判定。研究人员考虑到坑道探测环境具有全空间特点,认为传统的地面半空间数据解释方法已不再适用,发展了相应的全空间高分辨电阻率成像方法,开发了 TEMINT 软件,并在实践中验证了该方法的可靠性和有效性(白登海等,2003)。李貅等(2006)、薛国强等(2008)将地下瞬变电磁法应用到隧道超前地质体预报。其研究结果表明,该方法对低阻含水断层、充泥充水溶洞、含水含泥破碎带等不良地质体反应敏感,但测试结果受到隧道背景和装置自身过渡过程的影响。

此外,国内外对时间域瞬变电磁场响应的正演模拟研究也逐渐发展,目前瞬变电磁的正演模型求解一般有两种方式:一种是直接在时间域求解麦克斯韦(Maxwell)方程,算法主要包括时间域有限差分法、时间域有限单元法、积分方程法;另一种是先采用数值模拟方法在频率域或拉普拉斯域求解,获得频率域电磁场解,再通过逆傅氏变换回到时间域,算法主要包括有限元法、积分方程法。其中:岳建华等(2007)推导了矿井全空间瞬变电磁场的时间域有限差分算法及 Mur 吸收边界条件,选用均匀全空间电偶极源作为初始源条件,对均匀介质中坑道底板岩层内部和层状介质中三维低阻异常体的全空间响应特性进行了模拟;刘志新(2007)编制了矿井全空间三维有限元模拟程序,对坑道瞬变电磁场的分布规律进行了模拟;杨海燕等(2008)使用磁偶极源模拟了针对坑道底板内部低阻体的三维全空间响应特征,推导了非均匀网格和时间步长条件下的瞬变电磁场三维时域有限差分算法,分析了瞬变电磁场的传播规律;姜志海(2008)建立了 2.5D 时间域瞬变电磁场的有限差分方程,采用余弦滤波技术解决了波数域激发源的设置问题,编制了 2.5D 全空间瞬变电磁场的时间域有限差分程序,模拟了磁偶源垂直层理激发与平行层理激发两种方式下全空间瞬变电磁场的扩散、衰减过程,获得了不同地电断面瞬变电磁场的响应特征。杨海燕等(2009)将拉普拉斯(Laplace)方程应用于坑道作为边界条件,避免对坑道内空气电阻率的设置,同时修正了廖氏边界条件,推导了适用于扩散方程的新的吸收边界条件,并对新边界条件的应用效果及坑道底板内低阻薄板的响应特征进行了模拟;孟庆鑫等(2013)应用时间域有限差分方法并选取磁偶极子源作为初始条件和不同阶 Mur 吸收边界条件,对包含低阻异常体的均匀全空间中磁偶源产生的瞬态场进行了三维数值模拟,获得了井中磁源瞬变电磁场的传播以及井旁三维低阻异常体的响应情况;孙怀凤等(2013)通过在 Wang&Hohmann 的经典时间域算法中对场源加载方式进行改进,模拟计算了坑道(隧道)条件下的地质与地电模型,获得了瞬变电磁场的响应特征;胡雄武等(2016)以孙怀凤所建立的数值模拟算法为基础,通过加长电流关断时间设置,模拟计算了坑道掘进工作面前方不同含水地电模型的瞬变电磁场响应,分析了瞬变电磁场的衰减规律。Chang 等(2016,2017)将有限差分法应用于矿井全空间瞬变电磁场的计算,对煤矿典型富水异常体的瞬变电磁响应进行了模拟和分析,以多线框实现了场源的多分量加载。

1.2.3 数据采集系统

在坑道瞬变电磁测试系统方面,由于煤矿安全和防爆标准的要求以及坑道空间的局限性，传统的地面瞬变电磁设备并不适合在坑道环境中使用。为了适应这一特殊环境，必须设计专门的瞬变电磁场数据采集系统。该系统主要由两大部分构成：一是瞬变电磁仪器设备，包括核心的主机设备以及用于发射信号和接收信号的线圈装置；二是现场数据采集的布置方式，涉及如何在坑道内有效地布置设备以获取高质量的数据。

(1) 鉴于矿井防爆要求，传统的地面瞬变电磁仪器由于缺乏本安认证，无法在坑道探测中使用。为了满足煤矿生产的特定需求，2008年，我国成功研发了首款瞬变电磁仪器——YCS40(A)型矿用本安型瞬变电磁仪。截至2020年底，市场上已有10多种矿用瞬变电磁仪器得到推广、应用，包括TEMJF50型、YCS40型等。此外，一些从国外引进的设备，如PROTEM-47HP型和TERRATEM型瞬变电磁仪，也在国内市场上占有一席之地。尽管TERRATEM型因不符合煤矿安全标准而仅限于少数矿井使用，但市场上的设备选择已经相当丰富。每种设备配套的线圈装置有所不同，总体上可分为同心线圈装置和分离线圈装置两大类。其中同心线圈装置（包括重叠线圈和中心线圈）在现场应用中更为普遍，YCS40(A)型、YCS40型、TEMJF50型、YCS160型以及引进的TERRATEM型等瞬变电磁采集器多与此类线圈装置配套。至于分离线圈装置，目前市场上仅有引进的PROTEM-47HP型瞬变电磁仪与它配套。随着对坑道瞬变电磁法的深入理解，部分设备也在不断改进，如通过控制发射电流的关断时间、标定传感器的阻尼特性、研发空芯线圈传感器等措施来减少一次磁场的干扰，以更好地满足实际探测需求。为了更全面地获取坑道围岩的瞬变电磁场响应信息，根据坑道的空间条件，可在现场多个方位进行数据测试，从空间立体角度对探测异常体的分布范围进行判定和解释。

(2) 为了有效地捕获坑道掘进工作面前方地质体的瞬变电磁场响应信号，根据坑道掘进的空间条件，在应用过程中形成了两种主要的观测方式：U型和扇型。从布置方式来看，这两种方式具有显著的相似性，都是从坑道的一侧向另一侧旋转布置，并对每个测点进行顶板、顺层和底板3个方向的布置。

1.2.4 数据处理与解释方法

在坑道瞬变电磁场数据处理与解释方面，为减小测试干扰数据的影响，闫述等(2004)采用时间域有限差分方程(finite-difference time-domain，FDTD)法模拟计算了薄层与细导线的瞬变电磁响应，为解决坑道锚网、铁轨等金属体对瞬变电磁场测试结果的影响特征识别与校正问题提供了有效途径。于景邨等(2008)通过测试现场有金属干扰信号和无金属干扰信号或弱金属干扰信号的对比计算，利用视电阻率的比值处理方法，降低了金属体对地质体响应信号的干扰；胡雄武等(2013)和Hu等(2013)通过在井下构建锚杆实体模型实验，测试了不同状态特征的锚杆响应数据，分析并获得了掘进面分布锚杆对瞬变电磁场数据的干扰特征；嵇艳鞠等(2007)、杨海燕等(2006，2007，2008)、范涛等(2014)在考虑线圈互感、自感影响的基础上，推导得出的多匝线圈互感公式及实测电流-时间导数的关系，并计算出需要消除的互感电动势，以消除早延时数据中的小线框互感影响，依据衰减曲线斜率与时间项指数幂项的相关性，在一定程度上修正了接收线圈暂态过程对晚延时数据的影响；王华军(2010)、张爽等(2014)通过对接收系统阻尼特性的研究，分别提出采用阻尼匹配和阻尼特性标定方法以降低接收线圈的暂态过程影响。为提高测试数据成像精度,杨海燕等(2010,2013)推导了瞬变电磁全空间视电阻率解释方法,提高了视电阻率解析精度;程久龙等(2013)将李貅、薛国强等研究的瞬变电磁波场变换理论引入坑道瞬变电磁探测数据处理中,有效提高了弱异常体的分辨能力;胡雄武(2014a)在分析发射电流关断时间对瞬变电磁场的影响基础上,提出了发射电流线性关断模式下全空间全程视电阻率解析算法,进一步提高了视电阻率解析精度;程久龙等(2014)提出了全空间条件下矿井瞬变电磁法粒子群优化反演方法,提高了全空间瞬变电磁勘探资料的解释精度和分辨率;胡雄武(2014b)基于扇型观测系统条件下,根据坑道瞬变电磁超前观测数据场在空间形成的烟圈交会特征,提出视电阻率扩散叠加解释方法,有效降低了瞬变电磁法固有的勘探体积效应;程久龙等(2016)将瞬变电磁波场转换为拟地震波场,利用雷达的合成孔径方法对数据进行相关叠加处理,形成了坑道瞬变电磁法合成孔径成像解释方法。

1.3 存在问题

近年来,坑道瞬变电磁法研究虽取得了大量的成果,但仍未解决在坑道掘进工作面前方近距离段存在探测盲区和中远距离段成像分辨率低等技术难题。通过对现有研究的归纳与总结,其主要原因如下。

(1)对全空间瞬变电磁场响应规律的认识不清。在现有全空间多匝方形小线圈源激励条件下的瞬变电磁场响应模拟过程中,通常假设场源附近网格电性均匀分布,并采用水平电偶极或垂直磁偶极子源的瞬变电磁场早期解析解作为均匀网格的初始值。这种假设条件带来两个问题。其一,激励场源的不同。多数研究成果表明,偶极子源与多匝方形小线圈源的激励场分布特征不同,导致两者在介质中激励的瞬变电磁场也必然不同,因此,模拟初始给定的解析解与实际不符。其二,未考虑电流关断时间的影响。初始解析解是基于电流阶跃关断求得的,而实际探测中采用的瞬变电磁仪器存在明显的电流关断效应,因此,以往模拟所得瞬变电磁场扩散规律及响应特征与实际情况存在一定差异。

(2)瞬变电磁场数据处理与解释的能力不足。当前的坑道瞬变电磁视电阻率主要有两种算法。其一是晚期视电阻率算法,该算法在处理瞬变电磁场早、中延时数据时的解析误差较大。由于早、中延时实测瞬变电磁场数据的可靠性较差,这些数据在实际应用中通常被舍弃,不进行解析与解释。这一特点恰好是晚期视电阻率算法在坑道超前解析中得到广泛应用的主要原因。其二是阶跃全程视电阻率算法,其应用效果普遍优于晚期视电阻率算法。然而,该算法是基于发射电流阶跃关断理论推导而来的,而实际中使用的瞬变电磁仪器在发射电流关断时存在几十微秒至几百微秒的延迟,这导致实际地质体的响应并不符合阶跃瞬变电磁场的假设,与阶跃全程视电阻率算法的预期不符。根据现有的研究成果,该算法在解析早、中延时实测瞬变电磁场数据时的精度不足。由此可见,目前使用的两种视电阻率解析算法在处理瞬变电磁场早、中延时数据时都存在解析精度差的问题,这影响了超前探测浅层地电信息的分辨能力。此外,由于电磁方法本身的限制,坑道瞬变电磁场数据呈现出一定的体积效应。大量实验和现场应用表明,测试结果往往会对坑道掘进工作面前方的低阻异常产生不同程度的放大效应,这在一定程度上给地质钻孔的定向设计带来了困难,不利于物探与钻探的紧密结合,影响了坑道水害探测的精度。因此,这一问题已成为瞬变电磁方法在实际生产中应用的不利因素之一。

(3) 矿用瞬变电磁探测装备性能不佳。瞬变电磁仪主要由数据采集系统和线圈两个部分组成。瞬变电磁数据采集系统是坑道探水的关键。国内现有采集系统存在的主要问题是:因数据采集抗干扰能力差、仪器发射电流关断时间过长、线圈装置的互感大、接收线圈的暂态过程影响大等因素导致实际测试数据的质量低。这主要表现在 3 个方面:其一,现场数据采集易受环境电磁噪声的干扰而出现明显的跳动,降低了实测感应电动势(electromotive force,EMF)衰减曲线的可靠性;其二,电流关断时间过长和发射与接收线圈之间的强互感共同导致早延时瞬变电磁场数据出现幅值超高、时间长的"平台"现象,造成浅部地电信息的分辨能力严重下降,是实际应用中勘探盲区过大的主要影响因素;其三,接收线圈的暂态过程影响使得实测早延时瞬变电磁场数据变得更加复杂,对浅部地电信息的分辨有一定的影响。

(4) 坑道瞬变电磁探测干扰因素多。坑道环境的复杂性给现场探测带来了一系列挑战,尤其是金属干扰和线圈耦合等问题对电磁数据的有效性构成了显著影响。首先,电磁干扰是影响现场测试数据有效性的一个关键问题,其中金属干扰的表现尤为明显。井下的金属体干扰通常与坑道的支护条件紧密相关,由于坑道内金属体类型繁多且分布无规律,金属干扰一直是坑道瞬变电磁探测中最为棘手的问题之一。其次,线圈与坑道围岩之间的耦合状态也受到坑道空间和测试条件的限制。线圈至围岩表面的法向距离(耦合距)的不一致导致了不同测点间的瞬变电磁场响应幅值和衰减规律出现差异。特别是当坑道内存在金属支护时,这种差异可能会被显著放大,进而影响视电阻率成像的效果,降低了对围岩富水异常区的判定精度。

1.4 主要内容

鉴于现有方法技术及装备的不足,本书重点围绕坑道瞬变电磁探测理论、方法技术、装备研制及测试环境干扰分析等内容展开研究,力求实现坑道瞬变电磁全程高分辨成像,提高坑道瞬变电磁勘探能力及其测试精度。其主要内容包括以下 4 个方面。

(1) 全空间瞬变电磁探测理论。主要针对坑道瞬变电磁探测中的多匝方形小线圈源,推导激励磁场的解析表达式,分析坑道空间内激励场的分布特征。结合圆形线圈中心的瞬变电磁场误差分析,建立适用于全空间多匝方形小线圈源的解析模型。基于 Maxwell 方程构建三维瞬变电磁场的有限差分模拟程序,实现激励源的精确模拟,包括电流源密度的直接加载和线性关断函数的设计等。针对坑道掘进工作面前方不同含水体模型,探讨瞬变电磁场扩散规律,并分析模型参数对异常体响应的影响,为坑道瞬变电磁探水提供理论依据。

(2) 全空间全程瞬变电磁高精度成像方法。主要改进的是观测方式,分析发射电流阶跃和线性关断模式下的激励场频谱特征,明确关断时间对激励场的影响。通过计算和误差分析,确定不同电流关断模式对瞬变电磁场的影响范围。基于全空间多匝方形小线圈中心的瞬变电磁场表达式,利用杜哈美尔(Duhamel)积分,发展考虑关断时间的全空间全程视电阻率算法,提高早、中延时数据的解析精度。结合观测方式,基于烟圈理论,分析不同测点的交会特征,提出扩散叠加解释方法,改善电阻率成像效果,增强对含水体的识别能力。

(3)高精度瞬变电磁装备研发。考虑坑道探测的特殊性,通过改进仪器主机内不同周期数据的叠加处理方式、观测窗口密度、坑道测试环境的电磁噪声识别等,提高瞬变电磁场数据的采集精度;优化与改进发射磁矩、电流关断时间、发射与接收线圈的互感效应以及接收线圈的暂态过程,提升瞬变电磁探测线圈性能;并在此基础上,使用零磁通线圈,消除一次磁场干扰,提高早、中延时数据的信噪比,减小勘探盲区,有效地提高瞬变电磁浅层探测分辨率。

(4)坑道瞬变电磁探测影响因素分析。主要针对坑道掘进工作面应用场景,观测锚杆干扰下的瞬变电磁场响应特征及其规律,为瞬变电磁超前探测数据采集与校正提供指导。结合现场观测条件,揭示线圈耦合距对瞬变电磁场的影响特征,并给出校正方法。

第 2 章 基于多匝方形线圈源的全空间瞬变电磁探测理论

2.1 多匝方形线圈的激励场理论

2.1.1 激励场公式的推导

如图 2-1 所示，有限长 L 的直导线，通电流 I_0，在其周围任意点 P 产生的磁场为

$$H = \frac{I_0}{4\pi r}(\sin\beta_2 - \sin\beta_1) \tag{2-1}$$

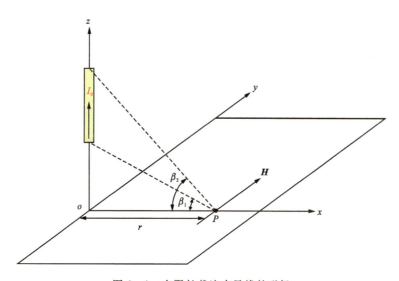

图 2-1 有限长载流直导线的磁场

假设边长为 $2a$ 的方形电流环中心位于点 $o(0,0,0)$ 处，在其中通以电流 I_0，则在空间任意一点 $P(x,y,z)$ 处产生的磁场可由毕奥-萨伐尔定律导出。如图 2-2 所示，方形电流环在空间中任意点 P 产生的磁场可由 4 根有限长带电直导线在 P 点所产生磁场叠加获得，即 $\boldsymbol{H} = \boldsymbol{H}_{AB} + \boldsymbol{H}_{BC} + \boldsymbol{H}_{CD} + \boldsymbol{H}_{DA}$。

以求取边 BC 在点 P 产生的磁场为例，点 P 到点 B 和点 C 的距离分别为

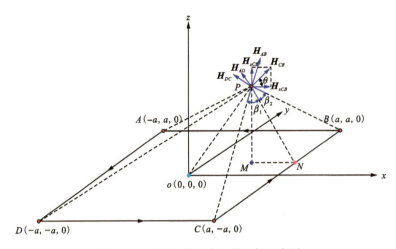

图 2-2 方形电流环产生的磁场示意图

$$|PB| = \sqrt{(x-a)^2 + (y-a)^2 + z^2}$$
$$|PC| = \sqrt{(x-a)^2 + (y+a)^2 + z^2}$$

点 P 到边 BC 的距离为

$$|PN| = \sqrt{(x-a)^2 + z^2}$$

另外,从图 2-2 可知:

$$\sin\beta_2 = \frac{NB}{|PB|} = \frac{a-y}{\sqrt{(x-a)^2 + (y+a)^2 + z^2}}$$

$$\sin\beta_1 = \frac{NC}{|PC|} = \frac{-a-y}{\sqrt{(x-a)^2 + (y+b)^2 + z^2}}$$

代入式(2-1),得

$$\boldsymbol{H}_{CB} = \frac{I_0}{4\pi \sqrt{(x-a)^2 + z^2}} \left[\frac{y+a}{\sqrt{(x-a)^2 + (y+a)^2 + z^2}} - \frac{y-a}{\sqrt{(x-a)^2 + (y-a)^2 + z^2}} \right] \tag{2-2}$$

由于边 BC 垂直于平面 xoz,其产生的磁场平行于平面 xoz,即 $\boldsymbol{H}_{CB}$ 只有水平分量 x 和垂直分量 z,而水平分量 y 为 0。

由图 2-2 可知,$\theta = \angle MPN$,则

$$\begin{cases} \sin\theta = \dfrac{|MN|}{|PN|} = \dfrac{a-y}{\sqrt{(x-a)^2 + z^2}} \\ \cos\theta = \dfrac{|MP|}{|PN|} = \dfrac{z}{\sqrt{(x-a)^2 + z^2}} \end{cases} \tag{2-3}$$

由此可以推导出

$$\begin{cases} H_{xCB} = H_{CB}\cos\theta \\ \quad = \dfrac{I_0}{4\pi}\dfrac{z}{(x-a)^2+z^2}\left[\dfrac{y+a}{\sqrt{(x-a)^2+(y+a)^2+z^2}} - \dfrac{y-a}{\sqrt{(x-a)^2+(y-a)^2+z^2}}\right] \\ H_{yCB} = 0 \\ H_{zCB} = H_{CB}\sin\theta \\ \quad = \dfrac{I_0}{4\pi}\dfrac{x-a}{(x-a)^2+z^2}\left[\dfrac{y+a}{\sqrt{(x-a)^2+(y+a)^2+z^2}} - \dfrac{y-a}{\sqrt{(x-a)^2+(y-a)^2+z^2}}\right] \end{cases} \quad (2-4)$$

同理，可以求得其他三边在点 P 产生的磁场，然后乘以匝数 N，通过矢量合成就可以获得多匝方形电流环在空间任意点产生的磁场。

$$\begin{cases} H_x = \dfrac{NI_0}{4\pi}\left\{\dfrac{z}{(x-a)^2+z^2}\left[\dfrac{y+a}{\sqrt{(x-a)^2+(y+a)^2+z^2}} - \dfrac{y-a}{\sqrt{(x-a)^2+(y-a)^2+z^2}}\right] + \right. \\ \quad\quad \left. \dfrac{z}{(x+a)^2+z^2}\left[\dfrac{y-a}{\sqrt{(x+a)^2+(y-a)^2+z^2}} - \dfrac{y+a}{\sqrt{(x+a)^2+(y+b)^2+z^2}}\right]\right\} \\ H_y = \dfrac{NI_0}{4\pi}\left\{\dfrac{z}{(y+a)^2+z^2}\left[\dfrac{x-a}{\sqrt{(x-a)^2+(y+a)^2+z^2}} - \dfrac{x+a}{\sqrt{(x+a)^2+(y+a)^2+z^2}}\right] + \right. \\ \quad\quad \left. \dfrac{z}{(y-a)^2+z^2}\left[\dfrac{x+a}{\sqrt{(x+a)^2+(y-a)^2+z^2}} - \dfrac{x-a}{\sqrt{(x-a)^2+(y-a)^2+z^2}}\right]\right\} \\ H_z = \dfrac{NI_0}{4\pi}\left\{\dfrac{x-a}{(x-a)^2+z^2}\left[\dfrac{y-a}{\sqrt{(x-a)^2+(y-a)^2+z^2}} - \dfrac{y+a}{\sqrt{(x-a)^2+(y+a)^2+z^2}}\right] + \right. \\ \quad\quad \dfrac{x+a}{(x+a)^2+z^2}\left[\dfrac{y+a}{\sqrt{(x+a)^2+(y+a)^2+z^2}} - \dfrac{y-a}{\sqrt{(x+a)^2+(y-a)^2+z^2}}\right] + \\ \quad\quad \dfrac{y+a}{(y+a)^2+z^2}\left[\dfrac{x+a}{\sqrt{(x+a)^2+(y+a)^2+z^2}} - \dfrac{x-a}{\sqrt{(x-a)^2+(y+a)^2+z^2}}\right] + \\ \quad\quad \left. \dfrac{y-a}{(y-a)^2+z^2}\left[\dfrac{x-a}{\sqrt{(x-a)^2+(y-a)^2+z^2}} - \dfrac{x+a}{\sqrt{(x+a)^2+(y-a)^2+z^2}}\right]\right\} \end{cases} \quad (2-5)$$

2.1.2 激励场的坑道超前分布特征

假设坑道掘进工作面前方为 z 轴正向，反向为负向；坑道顶板为 y 轴正向，反向为负向；工作人员面对掘进工作面时，左手边为坑道左帮，定义为 x 轴正向；反之为右帮，x 轴负向。令式(2-5)中的 $a=1$m，$N=10$ 匝，$I_0=2.5$A，计算 $x\in[-50,50]$、$y\in[-50,50]$ 和 $z\in[-50,50]$ 的空间范围内任意点的磁场。

如图 2-3 可见，多匝方形小线圈所激励的磁场在线圈平面内，强磁场主要集中在线圈的邻近区域，呈"十"字形对称分布，而在线圈的 4 个扇区磁场小；远离线圈平面，磁场的分布发生了明显的改变，"十"字形分布特征消失，强磁场主要集中在线圈中心轴线附近，表现出圆形分布特征（距离圆心越近，磁场越强；反之，磁场则越弱）。为能说明磁场在坑道掘进工作面前方水平切面的分布特征，切出 $y=0$m 平面，如图 2-4 所示，多匝发射小线圈沿约 106°辐射。由此可以看出，小线圈发射装置对激发坑道掘进工作面前方含水异常体的响应具有较大的优势，这也正是坑道瞬变电磁超前探测的主要依据之一。

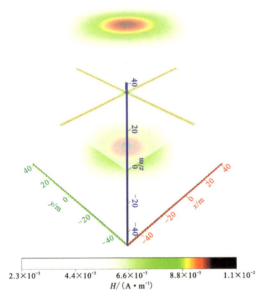
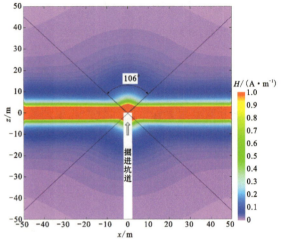

图 2-3 多匝方形小线圈激励场三维切片   图 2-4 多匝方形小线圈激励场水平 xz 面切片

2.2 多匝方形小线圈源的阶跃瞬变电磁场响应

2.2.1 均匀介质中水平电偶极子的阶跃瞬变电磁场响应

在无限导电介质中,全空间格林函数可以表示为

$$G(r) = \frac{e^{ikr}}{4\pi r} \tag{2-6}$$

式中:k 为复波矢量;$r = |\boldsymbol{r}| = \sqrt{(x^2 + y^2 + z^2)}$。

在有激励源的情况下,体积 V 范围内的任意点电磁势 $\boldsymbol{A}(\boldsymbol{r})$ 可以表示为

$$\boldsymbol{A}(\boldsymbol{r}) = \int_V \boldsymbol{G}(\boldsymbol{r} - \boldsymbol{r}') \boldsymbol{J}(\boldsymbol{r}') \mathrm{d}V' \tag{2-7}$$

全空间中置于坐标原点的 x 轴方向电偶极子中的电流密度可以表示为

$$\boldsymbol{J}(\boldsymbol{r}) = I\mathrm{d}l\delta(x)\delta(y)\delta(z)\boldsymbol{u}_x \tag{2-8}$$

式中:I 为稳恒电流;$\mathrm{d}l$ 为电偶极长度;δ 为 Dirac Delta 函数;$\boldsymbol{u}_x$ 为 x 轴向单位向量。

将式(2-8)代入式(2-7),得

$$\boldsymbol{A}(\boldsymbol{r}) = \frac{I\mathrm{d}l}{4\pi r} e^{ikr} \boldsymbol{u}_x \tag{2-9}$$

从式(2-9)可以看出,空间任意一点都与电偶极子源的方向相同。考虑到电磁场在大地介质中有衰减作用,依据 Maxwell 方程,在忽略位移电流的情况下,电场、磁场写为

第2章 基于多匝方形线圈源的全空间瞬变电磁探测理论

$$\begin{cases} \boldsymbol{E} = -\hat{z}\boldsymbol{A} + \dfrac{1}{\hat{y}}\nabla(\nabla \cdot \boldsymbol{A}) \\ \boldsymbol{H} = \nabla \times \boldsymbol{A} \end{cases} \quad (2-10)$$

式中：$\hat{z} = i\mu\omega$，为阻抗率；$\hat{y} = \sigma + i\varepsilon\omega$，为导纳率；$\mu$ 为全空间介质磁导率，可取真空磁导率 μ_0 值；ε 为介电常数；ω 为角频率；σ 为介质电导率。

将式(2-9)代入式(2-10)，可得

$$\begin{cases} \boldsymbol{E} = \dfrac{I\mathrm{d}l}{4\pi\sigma}\left[\boldsymbol{u}_x\left(k^2 + \dfrac{\partial^2}{\partial x^2}\right) + \boldsymbol{u}_y\dfrac{\partial^2}{\partial x \partial y} + \boldsymbol{u}_z\dfrac{\partial^2}{\partial x \partial z}\right]\dfrac{\mathrm{e}^{-ikr}}{r} \\ \boldsymbol{H} = \dfrac{I\mathrm{d}l}{4\pi}\left(\boldsymbol{u}_y\dfrac{\partial}{\partial z} - \boldsymbol{u}_z\dfrac{\partial}{\partial y}\right)\dfrac{\mathrm{e}^{-ikr}}{r} \end{cases} \quad (2-11)$$

进一步可推导出

$$\begin{cases} \boldsymbol{E} = \dfrac{I\mathrm{d}l}{4\pi\sigma r^3}\mathrm{e}^{-ikr}\left[\left(\dfrac{x^2}{r^2}\boldsymbol{u}_x + \dfrac{xy}{r^2}\boldsymbol{u}_y + \dfrac{xz}{r^2}\boldsymbol{u}_z\right)(3ikr + 3 - k^2r^2) + (k^2r^2 - ikr - 1)\boldsymbol{u}_x\right] \\ \boldsymbol{H} = \dfrac{I\mathrm{d}l}{4\pi r^2}(ikr + 1)\mathrm{e}^{-ikr}\left(-\dfrac{z}{r}\boldsymbol{u}_y + \dfrac{y}{r}\boldsymbol{u}_z\right) \end{cases} \quad (2-12)$$

式(2-12)即为水平电偶极子场的频率域表达式，要获得其时间域电磁场的关系式，需通过拉普拉斯变换或傅里叶变换。

定义与 k 对应函数 $\theta = \sqrt{\mu\sigma/4t}$，查拉普拉斯变换表，有

$$L^{-1}\left[\dfrac{k^2r^2}{s}\mathrm{e}^{-ikr}\right] = -\dfrac{4}{\sqrt{\pi}}(\theta r)^3\mathrm{e}^{-\theta^2 r^2} \quad (2-13)$$

$$L^{-1}\left[\dfrac{ikr}{s}\mathrm{e}^{-ikr}\right] = \dfrac{2}{\sqrt{\pi}}\theta r\mathrm{e}^{-\theta^2 r^2} \quad (2-14)$$

$$L^{-1}\left[\dfrac{1}{s}\mathrm{e}^{-ikr}\right] = \mathrm{erfc}(\theta r) \quad (2-15)$$

式中：$\mathrm{erf}(\theta r) = \dfrac{2}{\sqrt{\pi}}\int_0^{\theta r}\mathrm{e}^{-x^2}\mathrm{d}x$，为误差函数；$\mathrm{erfc}(\theta r) = 1 - \mathrm{erf}(\theta r)$。

将式(2-13)至式(2-15)代入式(2-12)，可以得到电偶极子中突然接通电源后所产生的电场和磁场：

$$\begin{cases} \boldsymbol{e}(t) = \dfrac{I\mathrm{d}l}{4\pi\sigma r^3}\left\{\left[\left(\dfrac{4\theta^3 r^3}{\sqrt{\pi}} + \dfrac{6\theta r}{\sqrt{\pi}}\right)\mathrm{e}^{-\theta^2 r^2} + 3\mathrm{erfc}(\theta r)\right]\left(\dfrac{x^2}{r^2}\boldsymbol{u}_x + \dfrac{xy}{r^2}\boldsymbol{u}_y + \dfrac{xz}{r^2}\boldsymbol{u}_z\right) \\ \qquad - \left[\left(\dfrac{4\theta^3 r^3}{\sqrt{\pi}} + \dfrac{2\theta r}{\sqrt{\pi}}\right)\mathrm{e}^{-\theta^2 r^2} + \mathrm{erfc}(\theta r)\right]\boldsymbol{u}_x\right\} \\ \boldsymbol{h}(t) = \dfrac{I\mathrm{d}l}{4\pi r^2}\left[\dfrac{2\theta r}{\sqrt{\pi}}\mathrm{e}^{-\theta^2 r^2} + \mathrm{erfc}(\theta r)\right]\left(-\dfrac{z}{r}\boldsymbol{u}_y + \dfrac{y}{r}\boldsymbol{u}_z\right) \end{cases} \quad (2-16)$$

在实际应用时，仪器观测的是脉冲电流关断后的负阶跃的瞬变电磁场响应，此时

$$f_-(t) = \int_t^\infty h(\tau)\mathrm{d}\tau = \int_0^\infty h(\tau)\mathrm{d}\tau - \int_0^t h(\tau)\mathrm{d}\tau \quad (2-17)$$

在式(2-17)中，$t \geq 0$，该式也可简写成 $f_-(t) = f(\infty) - f(t)$。当 $t \to \infty$ 时，有 $\theta = 0$，$\mathrm{erf}(\theta r) = 0$，$\mathrm{erfc}(\theta r) = 1$。将其代入式(2-16)，然后求解式(2-17)，可得

$$\begin{cases}\boldsymbol{e}(t)=\dfrac{I\mathrm{d}l}{4\pi\sigma r^3}\left\{\left[3\mathrm{erf}(\theta r)-\left(\dfrac{4\theta^3 r^3}{\sqrt{\pi}}+\dfrac{6\theta r}{\sqrt{\pi}}\right)\mathrm{e}^{-\theta^2 r^2}\right]\left(\dfrac{xz}{r^2}\boldsymbol{u}_x+\dfrac{yz}{r^2}\boldsymbol{u}_y+\dfrac{z^2}{r^2}\boldsymbol{u}_z\right)\right.\\\qquad\left.-\left[\mathrm{erf}(\theta r)-\left(\dfrac{4\theta^3 r^3}{\sqrt{\pi}}+\dfrac{2\theta r}{\sqrt{\pi}}\right)\mathrm{e}^{-\theta^2 r^2}\right]\boldsymbol{u}_x\right\}\end{cases} \quad (2-18)$$

$$\boldsymbol{h}(t)=\dfrac{I\mathrm{d}l}{4\pi r^2}\left[\mathrm{erf}(\theta r)-\dfrac{2\theta r}{\sqrt{\pi}}\mathrm{e}^{-\theta^2 r^2}\right]\left(-\dfrac{z}{r}\boldsymbol{u}_y+\dfrac{y}{r}\boldsymbol{u}_z\right) \quad (2-19)$$

由于实际观测的是接收线圈中的感应电动势,它与磁场随时间的变化率成正比,因此对式(2-19)求导,得

$$\dfrac{\partial \boldsymbol{h}(t)}{\partial t}=-\dfrac{I\mathrm{d}l\theta^3 r}{2\pi^{3/2}t}\mathrm{e}^{-\theta^2 r^2}\left(-\dfrac{z}{r}\boldsymbol{u}_y+\dfrac{y}{r}\boldsymbol{u}_z\right) \quad (2-20)$$

式(2-18)~式(2-20)即为全空间均匀介质中电偶极子在电流阶跃关断下的瞬变电磁场响应表达式。

2.2.2 均匀介质中垂直磁偶极子的阶跃瞬变电磁场响应

为便于公式推导,假设在平面 yz 上原点处存在一面积为 S_T 的小电流环(电流为 I,垂直磁场指向 x 轴),则其磁矩为 $m=IS_T$。磁化矢量可以表示为

$$\boldsymbol{M}=m\boldsymbol{u}_x\delta(x)\delta(y)\delta(z) \quad (2-21)$$

则类似可以推出其矢量位为

$$\boldsymbol{A}(r)=\dfrac{i\omega\mu m}{4\pi r}\mathrm{e}^{ikr}\boldsymbol{u}_x \quad (2-22)$$

将式(2-22)代入式(2-10),可得频率域电场、磁场

$$\begin{cases}\boldsymbol{E}=\dfrac{i\omega\mu m}{4\pi r^2}(ikr+1)\mathrm{e}^{-ikr}\left(\dfrac{z}{r}\boldsymbol{u}_y-\dfrac{y}{r}\boldsymbol{u}_z\right)\\ \boldsymbol{H}=\dfrac{m}{4\pi r^3}\mathrm{e}^{-ikr}\left[\left(\dfrac{x^2}{r^2}\boldsymbol{u}_x+\dfrac{xy}{r^2}\boldsymbol{u}_y+\dfrac{xz}{r^2}\boldsymbol{u}_z\right)(-k^2 r^2+3ikr+3)+(k^2 r^2-ikr-1)\boldsymbol{u}_x\right]\end{cases} \quad (2-23)$$

与前文相同,对式(2-23)做拉普拉斯逆变换,可得磁偶极子的阶跃瞬变电场和磁场:

$$\begin{cases}\boldsymbol{e}(t)=\dfrac{\mu m\theta^3 r}{2\pi^{3/2}t}\mathrm{e}^{-\theta^2 r^2}\left(-\dfrac{z}{r}\boldsymbol{u}_y+\dfrac{y}{r}\boldsymbol{u}_z\right)\\ \boldsymbol{h}(t)=\dfrac{m}{4\pi r^3}\left\{\left[\left(\dfrac{4\theta^3 r^3}{\sqrt{\pi}}+\dfrac{6\theta r}{\sqrt{\pi}}\right)\mathrm{e}^{-\theta^2 r^2}+3\mathrm{erfc}(\theta r)\right]\left(\dfrac{x^2}{r^2}\boldsymbol{u}_x+\dfrac{xy}{r^2}\boldsymbol{u}_y+\dfrac{xz}{r^2}\boldsymbol{u}_z\right)\right.\\\qquad\left.-\left[\left(\dfrac{4\theta^3 r^3}{\sqrt{\pi}}+\dfrac{2\theta r}{\sqrt{\pi}}\right)\mathrm{e}^{-\theta^2 r^2}+\mathrm{erfc}(\theta r)\right]\boldsymbol{u}_x\right\}\end{cases} \quad (2-24)$$

根据式(2-17)同样可以求得全空间垂直磁偶极子中电流突然切断后的阶跃瞬变电磁场响应:

$$\begin{cases}\boldsymbol{e}(t)=-\dfrac{\mu m\theta^3 r}{2\pi^{3/2}t}\mathrm{e}^{-\theta^2 r^2}\left(-\dfrac{z}{r}\boldsymbol{u}_y+\dfrac{y}{r}\boldsymbol{u}_z\right)\\ \boldsymbol{h}(t)=\dfrac{m}{4\pi r^3}\left\{\left[3\mathrm{erf}(\theta r)-\left(\dfrac{4\theta^3 r^3}{\sqrt{\pi}}+\dfrac{6\theta r}{\sqrt{\pi}}\right)\mathrm{e}^{-\theta^2 r^2}\right]\left(\dfrac{x^2}{r^2}\boldsymbol{u}_x+\dfrac{xy}{r^2}\boldsymbol{u}_y+\dfrac{xz}{r^2}\boldsymbol{u}_z\right)\right.\\\qquad\left.-\left[\mathrm{erf}(\theta r)-\left(\dfrac{4\theta^3 r^3}{\sqrt{\pi}}+\dfrac{2\theta r}{\sqrt{\pi}}\right)\mathrm{e}^{-\theta^2 r^2}\right]\boldsymbol{u}_x\right\}\end{cases} \quad (2-25)$$

同样，求磁场对时间的导数在实际中更具有意义。对式(2-25)求导，得

$$\frac{\partial \boldsymbol{h}(t)}{\partial t} = -\frac{m\theta^3}{\pi^{3/2}t} e^{-\theta^2 r^2} \left[\theta^2 r^2 \left(\frac{x^2}{r^2} \boldsymbol{u}_x + \frac{xy}{r^2} \boldsymbol{u}_y + \frac{xz}{r^2} \boldsymbol{u}_z \right) + (1 - \theta^2 r^2) \boldsymbol{u}_x \right] \quad (2-26)$$

式(2-25)和式(2-26)即为全空间垂直磁偶极子源在电流突然切断后的瞬变电磁场响应表达式。

2.2.3 方形小线圈源的阶跃瞬变电磁场响应

方形线圈瞬变电磁场的响应表达式可以通过水平电偶极子的瞬变电磁场沿线圈路径的积分或通过垂直磁偶极子的瞬变电磁场沿线圈面积的积分求得，即

$$\boldsymbol{f}^c(t) = \iint_S \boldsymbol{f}^m(t) \mathrm{d}x \mathrm{d}y \quad (2-27)$$

$$\boldsymbol{f}^c(t) = \oint \boldsymbol{f}^e(t) \mathrm{d}l \quad (2-28)$$

式中：$\boldsymbol{f}^c(t)$为方形线圈的瞬变电磁场；$\boldsymbol{f}^m(t)$为垂直磁偶极子的瞬变电磁场；$\boldsymbol{f}^e(t)$为水平电偶极子的瞬变电磁场。

但不论是基于式(2-27)还是式(2-28)求解，两者所得的结果是相同的。为获得多匝方形线圈的瞬变电磁场表达式，此处以基于式(2-28)的推导为例。

如图2-5所示，线圈周围空间中任意点$P(x,y,z)$的瞬变电磁场可以表示为

$$\boldsymbol{f}^c_P(t) = \int_{AB} \boldsymbol{f}^e_P(t) \mathrm{d}l + \int_{BC} \boldsymbol{f}^e_P(t) \mathrm{d}l + \int_{CD} \boldsymbol{f}^e_P(t) \mathrm{d}l + \int_{DA} \boldsymbol{f}^e_P(t) \mathrm{d}l \quad (2-29)$$

式中：$\boldsymbol{f}^e_P(t)$为电偶极子在点P的瞬变电磁场。

当$\boldsymbol{f}^e_P(t)$为电偶极子的负阶跃瞬变电场时，$\boldsymbol{f}^c_P(t)$为多匝方形线圈在点P的负阶跃瞬变电场；从式(2-18)~式(2-20)可以看出，瞬变电磁场的响应与电偶极子至观测点P的距离r呈非线性关系，直接将电偶极子场的表达式代入式(2-29)无法直接积分并获得其解析表达式，通常只能采用近似求解的方式，但求解过程相当复杂。考虑到坑道超前探测在实际应用时一般采用同心线圈装置且观测的是线圈中心的感应电动势，因此求出线圈中心点的瞬变磁场及其随时间的变化率是实际应用的关键。当点P位于线圈中心处，水平电偶极子瞬变磁场仅有垂直分量，有

$$h^e_z(t) = \frac{I \mathrm{d}l y}{4\pi r^3} \left(\mathrm{erf}(\theta r) - \frac{2}{\sqrt{\pi}} \theta r e^{-\theta^2 r^2} \right) \quad (2-30)$$

式中：y为电偶极子至点P的水平距离。

将式(2-40)代入式(2-39)，结合图2-6，可得N匝方形线圈中心瞬变磁场为

$$h^c_z(t) = \frac{NI}{4\pi} (\varphi_{AB} + \varphi_{BC} + \varphi_{CD} + \varphi_{DA}) \quad (2-31)$$

式中：φ_{AB}、φ_{BC}、φ_{CD}和φ_{DA}分别为矩形线圈边AB、BC、CD和DA产生的磁场的积分函数，其具体表达式为

$$\begin{cases} \varphi_{AB} = (a-x)\int_{-a}^{a}\left[\dfrac{1}{r^3}\left(\mathrm{erf}(\theta r)-\dfrac{2}{\sqrt{\pi}}\theta r\mathrm{e}^{-\theta^2 r^2}\right)\right]\mathrm{d}y' \\ \varphi_{BC} = (a-y)\int_{-a}^{a}\left[\dfrac{1}{r^3}\left(\mathrm{erf}(\theta r)-\dfrac{2}{\sqrt{\pi}}\theta r\mathrm{e}^{-\theta^2 r^2}\right)\right]\mathrm{d}x' \\ \varphi_{CD} = (a+x)\int_{-a}^{a}\left[\dfrac{1}{r^3}\left(\mathrm{erf}(\theta r)-\dfrac{2}{\sqrt{\pi}}\theta r\mathrm{e}^{-\theta^2 r^2}\right)\right]\mathrm{d}y' \\ \varphi_{DA} = (a+y)\int_{-a}^{a}\left[\dfrac{1}{r^3}\left(\mathrm{erf}(\theta r)-\dfrac{2}{\sqrt{\pi}}\theta r\mathrm{e}^{-\theta^2 r^2}\right)\right]\mathrm{d}x' \end{cases} \quad (2-32)$$

显然,式(2-31)的内核积分还是无法直接推导出解析表达式。假设单匝的方形线圈变成与其面积相等的圆形线圈,如图2-6所示,则式(2-30)中有 $y=r, \mathrm{d}l=r\mathrm{d}\phi$,代入式(2-31)和式(2-32)并化简得圆形线圈中心点的负阶跃瞬变磁场为

$$h_z^C(t)=\dfrac{NI}{2r}\left(\mathrm{erf}(\theta r)-\dfrac{2}{\sqrt{\pi}}\theta r\mathrm{e}^{-\theta^2 r^2}\right) \quad (2-33)$$

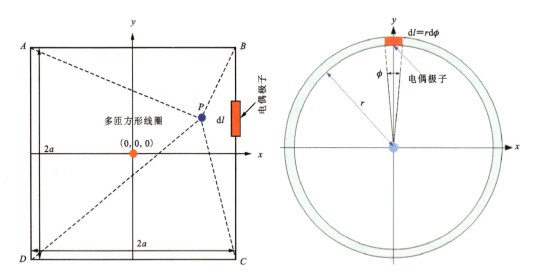

图2-5 电偶极子沿方形线圈积分示意图　　图2-6 电偶极子场沿圆形线圈叠加

根据磁矩等效,将 $r=2a/\sqrt{\pi}$ 代入式(2-33),得方形线圈中心瞬变磁场为

$$h_z^C(t)=\dfrac{\sqrt{\pi}NI}{4a}\left(\mathrm{erf}(\theta r)-\dfrac{2}{\sqrt{\pi}}\theta r\mathrm{e}^{-\theta^2 r^2}\right) \quad (2-34)$$

为验证式(2-34)的准确性,对式(2-31)进行数值积分计算,并与式(2-34)的解析结果进行误差分析。图2-7和图2-8即为数值积分结果和解析结果随时间变化的误差曲线图。从图2-7中可见,在不同发射线圈面积的情况下,两者的最大误差不超过1.5%;而图2-8显示了在不同电阻率情况下两者的最大误差同样不超过该值。由此可见,采用式(2-34)作为多匝方形线圈中心点瞬变磁场垂直分量的解析表达式是准确、可靠的。

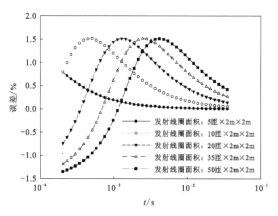

图 2-7 不同发射线圈面积的误差曲线

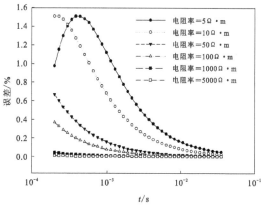

图 2-8 不同电阻率的误差曲线

对式(2-34)求时间的导数,并令接收线圈的等效面积为 S_R,则可推导出多匝方形线圈中心点处的感应电动势为

$$\varepsilon_z^C(t) = \frac{\pi N I S_R \rho}{2a^3}(\theta r)^5 e^{-(\theta r)^2} \qquad (2-35)$$

式中:$\rho = 1/\sigma$,为介质电阻率。

因此,式(2-34)和式(2-35)就是坑道瞬变电磁超前探测技术的理论基础。

为体现全空间与地面半空间条件下瞬变电磁场的差异性,给出半空间 N 匝圆形线圈中心点的瞬变磁场垂直分量为

$$H_z^C(t) = \frac{NI}{2r}\left[\frac{3}{\sqrt{\pi}\theta r}e^{-\theta^2 r^2} + \left(1 - \frac{3}{2\theta^2 r^2}\right)\mathrm{erf}(\theta r)\right] \qquad (2-36)$$

与其对应的垂直感应电动势为

$$V_z^C(t) = \frac{\mu N I S_R}{4rt\theta^2 r^2}\left[\frac{2}{\sqrt{\pi}}\theta r(3 + 2\theta^2 r^2)e^{-\theta^2 r^2} - 3\mathrm{erf}(\theta r)\right] \qquad (2-37)$$

当 $t \to \infty$ 时,有 $\theta = 0$,$\mathrm{erf}(\theta r) = 0$,并化简式(2-34)和式(2-35),得

$$\begin{cases} h_z^C(t) = \dfrac{NIr^2}{12\sqrt{\pi}}\left(\dfrac{\mu}{\rho t}\right)^{3/2} & (2-38) \\ \varepsilon_z^C(t) = \dfrac{\mu N I S_R r^2}{8\sqrt{\pi}}\left(\dfrac{\mu}{\rho}\right)^{3/2}\left(\dfrac{1}{t}\right)^{5/2} & (2-39) \end{cases}$$

同理,化简式(2-36)和式(2-37),得

$$\begin{cases} H_z^C(t) = \dfrac{NIr^2}{30\sqrt{\pi}}\left(\dfrac{\mu}{\rho t}\right)^{3/2} & (2-40) \\ V_z^C(t) = \dfrac{\mu N I S_R r^2}{20\sqrt{\pi}}\left(\dfrac{\mu}{\rho}\right)^{3/2}\left(\dfrac{1}{t}\right)^{5/2} & (2-41) \end{cases}$$

将式(2-38)与式(2-40)、式(2-39)与式(2-41)分别进行比较可以看出,在瞬变电磁场的晚延时(即 $t \to \infty$),无论是磁场还是感应电动势,全空间响应都是半空间响应的 2.5 倍。令 $N=10$ 匝、$S_R = 100\mathrm{m}^2$、$a = 1\mathrm{m}$、$r = 2a/\sqrt{\pi}$、$I = 2\mathrm{A}$ 和 $\rho = 10\Omega \cdot \mathrm{m}$,并给定观测时间序列,分

别代入式(2-38)~式(2-41)中计算,获得如图2-9所示的瞬变电磁场响应曲线。对比可见,两者在线圈中心点的瞬变电磁场衰减趋势近乎一致,仅在响应幅值上有差异。图2-10给出了两者在$1\mu s$以后的响应比值,可见全空间与半空间的瞬变电磁场响应在$1\mu s$以后都可视为相差2.5倍,而这个时间范围正是实际探测应用中瞬变电磁场观测的时间范围,该结果对实际资料的处理具有重要意义。

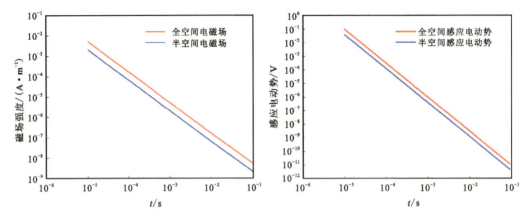

图2-9 全空间瞬变电磁场与半空间瞬变电磁场的响应曲线

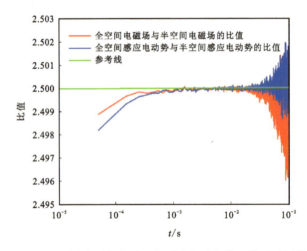

图2-10 全空间瞬变电磁场与半空间瞬变电磁场的比值随时间的变化曲线

2.3 瞬变电磁场FDTD模拟算法

2.3.1 Maxwell方程组的基本形式

坑道瞬变电磁场满足似稳态(或准静态)条件,在无源、均匀、非磁性且各向同性的有耗介质中,Maxwell方程组微分表达式为

$$\begin{cases} \nabla \times \boldsymbol{E} = -\mu \partial \boldsymbol{H}/\partial t & (2-42) \\ \nabla \times \boldsymbol{H} = \sigma \boldsymbol{E} & (2-43) \\ \nabla \cdot \boldsymbol{E} = 0 & (2-44) \\ \nabla \cdot \boldsymbol{H} = 0 & (2-45) \end{cases}$$

式中:$\boldsymbol{E}$ 为电场强度,单位为 V/m;$\boldsymbol{H}$ 为磁场强度,单位为 A/m;μ 为介质的磁导率,单位为 H/m,在大地介质中取真空磁导率,即 $\mu = \mu_0 = 4\pi \times 10^{-7}$ H/m;σ 为介质的电导率,单位为 S/m。

对方程(2-41)取旋度,并考虑方程(2-44),可获得瞬变电场的扩散方程[方程(2-46)],类似地可以获得瞬变磁场的扩散方程[方程(2-47)]。

$$\begin{cases} \nabla^2 \boldsymbol{E} - \mu\sigma \partial \boldsymbol{E}/\partial t = 0 & (2-46) \\ \nabla^2 \boldsymbol{H} - \mu\sigma \partial \boldsymbol{H}/\partial t = 0 & (2-47) \end{cases}$$

前人的研究表明,Maxwell 的阻尼波动方程可以在准静态条件下转换为瞬变电磁场的扩散方程,在有限边界条件下,其波动方程解可以代替扩散方程的解。

由于忽略了位移电流的作用,方程(2-43)中缺少了电场随时间变化的关系式,无法构成 FDTD 的显示格式。为此,将方程(2-43)改写为

$$\nabla \times \boldsymbol{H} = \gamma \partial \boldsymbol{E}/\partial t + \sigma \boldsymbol{E} \qquad (2-48)$$

式中:γ 为虚拟介电常数,其取值需满足一定的稳定性条件。

由此可知,利用方程(2-48)可以计算电场的 3 个分量,即 E_x、E_y 和 E_z;利用方程(2-42)可以计算磁场的 3 个分量,即 H_x、H_y 和 H_z。

根据 Wang 等(1993)的研究结果,在计算瞬变电磁场数值时,若忽略 Maxwell 方程组中的第四方程[方程(2-45)],在针对瞬变电磁场的晚延时数据(即低频信号)计算时,其扩散特征不能得到保证。因此,实际计算中必须显示包含方程(2-45),即先计算出磁场的 x 分量和 y 分量,然后根据方程(2-45)求磁场的 z 分量。

在直角坐标系中,联合方程(2-42)~方程(2-45),将电场和磁场方程组分别写成分量的形式为

$$\begin{cases} \partial H_z/\partial y - \partial H_y/\partial z = \gamma \partial E_x/\partial t + \sigma E_x \\ \partial H_x/\partial z - \partial H_z/\partial x = \gamma \partial E_y/\partial t + \sigma E_y \\ \partial H_y/\partial x - \partial H_x/\partial y = \gamma \partial E_z/\partial t + \sigma E_z \end{cases} \qquad (2-49)$$

$$\begin{cases} \partial H_x/\partial t = -(\partial E_z/\partial y - \partial E_y/\partial z)/\mu \\ \partial H_y/\partial t = -(\partial E_x/\partial z - \partial E_z/\partial x)/\mu \\ \partial H_z/\partial z = -\partial H_x/\partial x - \partial H_y/\partial y \end{cases} \qquad (2-50)$$

方程(2-59)和方程(2-60)即为无源区电磁场基本方程形式。

2.3.2 差分方程及界面参数的选取

根据方程(2-49)和方程(2-50),给定模拟空间并划分网格单元。Yee(1966)通过在每个空间网格单元中巧妙设计电磁场的 6 个分量(图 2-11),在元胞的每个棱边处分别设置电场分量,而在元胞的每个面中心设置磁场分量,由此可见,每个磁场分量有 4 个电场分量环绕,同样,每个电场分量有 4 个磁场分量环绕,显然,这种电磁场量的设计方式符合法拉

(Faraday)电磁感应定律和安培(Ampere)环路定理的自然结构,更为有利的是,该设计方式恰好符合 Maxwell 方程组的差分形式,同时,将电场和磁场在时间上进行交替抽样,抽样时间间隔彼此相差半个时间步长,这使 Maxwell 旋度方程离散以后构成显示差分方程,从而可以在时间域内迭代求解。如果在模拟空间中给定初始值和边界条件,就可利用时间域有限差分方法逐步推进,获得不同时间、空间的各电磁场分量分布特征。

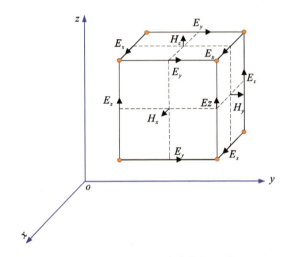

图 2-11 单个 Yee 元胞中各场量分配

据研究,在满足二阶精度条件下,各电场分量的空间、时间迭代方程可以写成如下形式:

$$E_x^{n+1}\left(i+\frac{1}{2},j,k\right)=CA(m) \cdot E_x^n\left(i+\frac{1}{2},j,k\right)+$$

$$CB(m) \cdot \left[\frac{H_z^{n+\frac{1}{2}}\left(i+\frac{1}{2},j+\frac{1}{2},k\right)-H_z^{n+\frac{1}{2}}\left(i+\frac{1}{2},j-\frac{1}{2},k\right)}{\Delta y}-\frac{H_y^{n+\frac{1}{2}}\left(i+\frac{1}{2},j,k+\frac{1}{2}\right)-H_y^{n+\frac{1}{2}}\left(i+\frac{1}{2},j,k-\frac{1}{2}\right)}{\Delta z}\right]$$

(2-51)

其中,$m=\left(i+\frac{1}{2},j,k\right)$。

$$E_y^{n+1}\left(i,j+\frac{1}{2},k\right)=CA(m) \cdot E_y^n\left(i,j+\frac{1}{2},k\right)+$$

$$CB(m) \cdot \left[\frac{H_x^{n+\frac{1}{2}}\left(i,j+\frac{1}{2},k+\frac{1}{2}\right)-H_x^{n+\frac{1}{2}}\left(i,j+\frac{1}{2},k-\frac{1}{2}\right)}{\Delta z}-\frac{H_z^{n+\frac{1}{2}}\left(i+\frac{1}{2},j+\frac{1}{2},k\right)-H_z^{n+\frac{1}{2}}\left(i-\frac{1}{2},j+\frac{1}{2},k\right)}{\Delta x}\right]$$

(2-52)

$$E_z^{n+1}\left(i,j,k+\frac{1}{2}\right)=CA(m) \cdot E_z^n\left(i,j,k+\frac{1}{2}\right)+$$

$$CB(m) \cdot \left[\frac{H_y^{n+\frac{1}{2}}\left(i+\frac{1}{2},j,k+\frac{1}{2}\right)-H_y^{n+\frac{1}{2}}\left(i-\frac{1}{2},j,k+\frac{1}{2}\right)}{\Delta x}-\frac{H_x^{n+\frac{1}{2}}\left(i,j+\frac{1}{2},k+\frac{1}{2}\right)-H_x^{n+\frac{1}{2}}\left(i,j-\frac{1}{2},k+\frac{1}{2}\right)}{\Delta y}\right]$$

(2-53)

方程(2-51)～方程(2-53)中的系数 $CA(m)$ 和 $CB(m)$ 分别为

$$CA(m)=\frac{2\gamma-\sigma(m)\Delta t}{2\gamma+\sigma(m)\Delta t} \tag{2-54}$$

$$CB(m)=\frac{2\Delta t}{2\gamma+\sigma(m)\Delta t} \tag{2-55}$$

同理,磁场的分量 x、分量 y 和分量 z 的时空差分形式为

$$H_x^{n+\frac{1}{2}}\left(i,j+\frac{1}{2},k+\frac{1}{2}\right)=H_x^{n-\frac{1}{2}}\left(i,j+\frac{1}{2},k+\frac{1}{2}\right)-$$

$$\frac{\Delta t}{\mu_0}\times\left[\frac{E_z^n\left(i,j+1,k+\frac{1}{2}\right)-E_z^n\left(i,j,k+\frac{1}{2}\right)}{\Delta y}-\frac{E_y^n\left(i,j+\frac{1}{2},k+1\right)-E_y^n\left(i,j+\frac{1}{2},k\right)}{\Delta z}\right]$$

(2-56)

$$H_y^{n+\frac{1}{2}}\left(i+\frac{1}{2},j,k+\frac{1}{2}\right)=H_y^{n-\frac{1}{2}}\left(i+\frac{1}{2},j,k+\frac{1}{2}\right)-$$

$$\frac{\Delta t}{\mu_0}\times\left[\frac{E_x^n\left(i+\frac{1}{2},j,k+1\right)-E_x^n\left(i+\frac{1}{2},j,k\right)}{\Delta z}-\frac{E_z^n\left(i+1,j,k+\frac{1}{2}\right)-E_z^n\left(i,j,k+\frac{1}{2}\right)}{\Delta x}\right]$$

(2-57)

$$H_z^{n+\frac{1}{2}}\left(i+\frac{1}{2},j+\frac{1}{2},k\right)=H_z^{n+\frac{1}{2}}\left(i+\frac{1}{2},j+\frac{1}{2},k+1\right)+$$

$$\Delta z\times\left[\frac{H_x^{n+\frac{1}{2}}\left(i+1,j+\frac{1}{2},k+\frac{1}{2}\right)-H_x^{n+\frac{1}{2}}\left(i,j+\frac{1}{2},k+\frac{1}{2}\right)}{\Delta x}+\frac{H_y^{n+\frac{1}{2}}\left(i+\frac{1}{2},j+1,k+\frac{1}{2}\right)-H_y^{n+\frac{1}{2}}\left(i+\frac{1}{2},j,k+\frac{1}{2}\right)}{\Delta y}\right]$$

(2-58)

由于瞬变电磁场在发射电流关断后的早延时段,电磁场数据频率以高频为主,随时间的变化快,在数值模拟过程中,为进一步减小数值误差和确保数值模拟的稳定性,可在早延时段采用高阶差分方程。据 Wang 等(1993)的模拟经验,四阶精度的差分方程可满足要求。

进一步给出四阶差分方程为

$$E_x^{n+1}\left(i+\frac{1}{2},j,k\right) = CA(m) \cdot E_x^n\left(i+\frac{1}{2},j,k\right) +$$

$$CB(m) \cdot \sum_{l=0}^{1} \chi(l) \left[\begin{array}{c} \dfrac{H_z^{n+\frac{1}{2}}\left(i+\frac{1}{2},j+\frac{1}{2},k\right) - H_z^{n+\frac{1}{2}}\left(i+\frac{1}{2},j-\frac{1}{2},k\right)}{\Delta y} - \\ \dfrac{H_y^{n+\frac{1}{2}}\left(i+\frac{1}{2},j,k+\frac{1}{2}\right) - H_y^{n+\frac{1}{2}}\left(i+\frac{1}{2},j,k-\frac{1}{2}\right)}{\Delta z} \end{array} \right]$$

(2 - 59)

$$H_x^{n+\frac{1}{2}}\left(i,j+\frac{1}{2},k+\frac{1}{2}\right) = H_x^{n-\frac{1}{2}}\left(i,j+\frac{1}{2},k+\frac{1}{2}\right) -$$

$$\frac{\Delta t}{\mu_0}\sum_{l=0}^{1}\chi(l) \times \left[\begin{array}{c} \dfrac{E_z^n\left(i,j+1,k+\frac{1}{2}\right) - E_z^n\left(i,j,k+\frac{1}{2}\right)}{\Delta y} - \\ \dfrac{E_y^n\left(i,j+\frac{1}{2},k+1\right) - E_y^n\left(i,j+\frac{1}{2},k\right)}{\Delta z} \end{array} \right]$$

(2 - 60)

其他各场分量可依次求得。其中,展开系数 $\chi(0) = 9/8, \chi(1) = -1/24$。

实际地层的非均匀性存在多种不同的电磁参数情况,模拟过程中必须考虑到在不同介质界面处电导率参数的选取情况。根据安培环路定理的积分形式,有

$$\oint H \cdot \mathrm{d}l = \sigma \iint E \cdot \mathrm{d}s + \gamma \frac{\partial}{\partial t}\iint E \cdot \mathrm{d}s \tag{2-61}$$

将式(2-61)应用于差分方程中,如图 2-12 所示,矩形回路的 4 个角点就是环绕 $E_z(i,j,k+1/2)$ 的 4 个元胞中心点,因此可以采用环绕 $E_z(i,j,k+1/2)$ 的 4 个元胞中心点介质的平均值等效代替,即

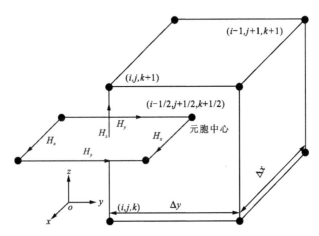

图 2-12 差分方程中磁场的积分回路

$$\sigma\left(i,j,k+\frac{1}{2}\right)=\frac{1}{4}\left[\begin{array}{l}\sigma\left(i-\frac{1}{2},j+\frac{1}{2},k+\frac{1}{2}\right)+\sigma\left(i-\frac{1}{2},j-\frac{1}{2},k+\frac{1}{2}\right)+\\ \sigma\left(i+\frac{1}{2},j-\frac{1}{2},k+\frac{1}{2}\right)+\sigma\left(i+\frac{1}{2},j-\frac{1}{2},k+\frac{1}{2}\right)\end{array}\right] \quad (2-62)$$

式(2-62)的处理方法对 E_x 和 E_y 各节点也同样成立。

通过上述分析,在非均匀介质中,采用等效电导率的处理方法很好地避免了因电导率参数突变而引起的在不同介质交界面上网格进行的特殊处理要求,在模拟空间中(除吸收边界条件外)可以采用统一的差分形式,从而简化了编程。

2.3.3 数值稳定性条件

在 FDTD 计算过程中,为避免引起数值离散,离散方程在空间和时间上必须满足 Courant 稳定性条件。对于三维 FDTD 情况,非均匀网格剖分下的 Courant 稳定性条件为

$$\frac{1}{\sqrt{\gamma\mu_0}}\Delta t \leqslant \frac{1}{\sqrt{\frac{1}{(\Delta x)^2}+\frac{1}{(\Delta y)^2}+\frac{1}{(\Delta z)^2}}} \quad (2-63)$$

令 $\delta=\min(\Delta x,\Delta y,\Delta z)$,将式(2-63)写为

$$\frac{1}{\sqrt{\gamma\mu_0}}\Delta t \leqslant \frac{\delta}{\sqrt{3}} \quad (2-64)$$

式(2-64)即为非均匀网格 FDTD 的绝对稳定性条件。

进一步整理式(2-64),可得离散时间步长:

$$\Delta t \leqslant \delta\sqrt{\frac{\gamma\mu_0}{3}} \quad (2-65)$$

从式(2-65)可见,当假定的虚拟介电常数 γ 适当放大时,可使时间步长 Δt 适当增大,在给定的模拟时间范围内,可以减少迭代次数。将式(2-65)写为另一种形式:

$$\gamma \geqslant \frac{3}{\mu_0}\left(\frac{\Delta t}{\delta}\right)^2 \quad (2-66)$$

则可知虚拟介电常数 γ 取决于 Δt 的大小。γ 与 Δt 相互制约的关系使得数值模拟问题更为复杂。γ 是为构建显示差分方程而人为引入的虚拟介电常量,必须对 γ 进行适当限制,以免 γ 取值太大而改变了瞬变电磁场的扩散特征。Oristaglio 等(1984)给出了二维 du Fort-Frankel 差分格式的虚拟位移电流的限制条件,结合 Wang 等(1993)的经验,Courant 稳定性条件可以变为

$$\Delta t \leqslant \alpha\delta\sqrt{\frac{\mu_0 \sigma t}{6}} \quad (2-67)$$

式中:α 为控制系数,取值一般为 0.1~0.2。

在实际应用 FDTD 模拟时,先通过式(2-67)确定时间的网格分布,再依据式(2-66)确定相应的虚拟介电常数。在模拟应用时,对式(2-67)采取进一步缩小,将其不等式右边项根号内分母 6 改为 8,并将式(2-66)右边项分子 3 改为 4,以减小数值计算误差和确保数值迭代稳定。

2.3.4 多匝方形线圈源的设置

在坑道或全空间条件下,多匝方形小线圈源的瞬变电磁场无法求得其解析解,因此,对激励源的处理方法与以往文献中采用瞬变电磁场初始值代替激励源的处理方式不同,采用在线圈源中直接注入电流的模拟方式。在有源区域,方程(2-48)变为

$$\nabla \times \boldsymbol{H} = \gamma \frac{\partial \boldsymbol{E}}{\partial t} + \sigma \boldsymbol{E} + J_s \qquad (2-68)$$

式中:J_s 为线圈源电流密度。

坑道瞬变电磁超前探测时,多匝发射线圈通常紧贴掘进工作面,如图 2-13 所示,线圈的法线方向与 z 轴平行,其探测方向为坑道轴向。图 2-13 中发射线圈与平面 xoy 内的网格剖分的相对位置关系,将线圈源的电流密度直接施加在网格边上,使其与电场分量的空间位置重合。因此,将方程(2-5)代入 FDTD 算法中,可以重新写出含有线圈源的差分迭代方程,为便于程序设计,只需在电场差分迭代后,单独对源所在的网格进行处理,有

$$E_x^{n+1}\left(i+\frac{1}{2}, j, k\right) = E_x^{n+1}\left(i+\frac{1}{2}, j, k\right) - CB(m) \cdot J_s^{n+\frac{1}{2}} \qquad (2-69)$$

$$E_y^{n+1}\left(i, j+\frac{1}{2}, k\right) = E_y^{n+1}\left(i, j+\frac{1}{2}, k\right) - CB(m) \cdot J_s^{n+\frac{1}{2}} \qquad (2-70)$$

差分式(2-69)和式(2-70)中代入的是电流密度 J_s,而模拟时采用的是电流值。在线源的处理过程中,通常采用电流除以环绕电场分量的磁场环路面积求得电流密度 J_s;而实际建模中,发射线圈的尺寸远小于该环路面积,因此必须对线圈邻近网格中心的磁场分量进行处理。从式(2-56)~式(2-58)可以看出,当前时刻的磁场仅与元胞表面的电场分量和上一时刻的磁场分量有关,图 2-14 中显示掘进工作面上线圈源需要特殊处理的磁场分量为 H_z,而在为保证瞬变电磁场的扩散特征时,采用了当前时刻的磁场分量 H_x 和 H_y 求解当前的 H_z 分量,这一处理方法恰好避开了 H_z 分量的特殊处理要求。

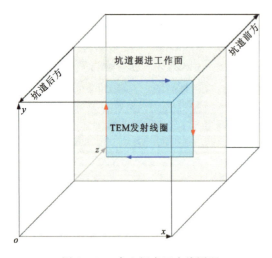

图 2-13 全空间多匝小线圈源

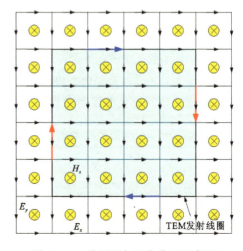

图 2-14 线圈源与网格位置示意图

在上述电流源的加载过程中,为使 FDTD 有一个平滑的过渡,需要对电流关断采用一定的平滑函数,即设置电流关断时间,而这与实际探测中瞬变电磁仪器存在的电流关断时间是一致的。因实际中电流关断一般可近似为线性关断模拟,故在模拟时,将电流值按如图 2-15 所示的形式进行离散并代入式(2-59)和式(2-60)中。

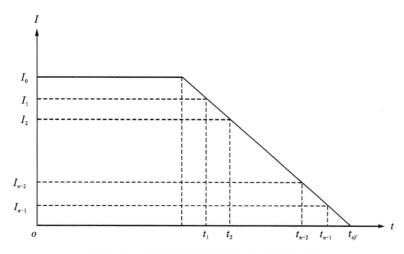

图 2-15　有限差分中斜阶跃电流离散示意图

2.3.5　截断边界条件

考虑到数值模拟的效率,给定的模拟空间有限,为提高数值模拟的可靠性,需要对模拟空间的边界条件进行处理。现有的文献中给出了 Engquist-Majda 吸收边界条件、Mur 吸收边界条件、廖式吸收边界条件、修正廖式吸收边界条件以及 PML 吸收边界条件等。考虑到各种吸收边界条件的吸收效果及程序编制的难易程度,本书选择了具有二阶精度的 Mur 吸收边界条件。假设三维长方体 FDTD 区($0<x<a, 0<y<b, 0<z<d$)有 6 个截断界面,若 f 代表任一直角分量,则它具有如下形式。

面 yoz 截断边界位置:

$$\begin{cases} \left[\dfrac{1}{c}\dfrac{\partial^2}{\partial x \partial t} - \dfrac{1}{c^2}\dfrac{\partial^2}{\partial t^2} + \dfrac{1}{2}\left(\dfrac{\partial^2}{\partial y^2} + \dfrac{\partial^2}{\partial z^2}\right)\right]f\Big|_{x=0} = 0 \\ \left[\dfrac{1}{c}\dfrac{\partial^2}{\partial x \partial t} + \dfrac{1}{c^2}\dfrac{\partial^2}{\partial t^2} - \dfrac{1}{2}\left(\dfrac{\partial^2}{\partial y^2} + \dfrac{\partial^2}{\partial z^2}\right)\right]f\Big|_{x=a} = 0 \end{cases} \quad (2-71)$$

面 xoz 截断边界位置:

$$\begin{cases} \left[\dfrac{1}{c}\dfrac{\partial^2}{\partial y \partial t} - \dfrac{1}{c^2}\dfrac{\partial^2}{\partial t^2} + \dfrac{1}{2}\left(\dfrac{\partial^2}{\partial x^2} + \dfrac{\partial^2}{\partial z^2}\right)\right]f\Big|_{y=0} = 0 \\ \left[\dfrac{1}{c}\dfrac{\partial^2}{\partial y \partial t} + \dfrac{1}{c^2}\dfrac{\partial^2}{\partial t^2} - \dfrac{1}{2}\left(\dfrac{\partial^2}{\partial x^2} + \dfrac{\partial^2}{\partial z^2}\right)\right]f\Big|_{y=b} = 0 \end{cases} \quad (2-72)$$

面 xoy 截断边界位置:

$$\begin{cases} \left[\dfrac{1}{c}\dfrac{\partial^2}{\partial z \partial t} - \dfrac{1}{c^2}\dfrac{\partial^2}{\partial t^2} + \dfrac{1}{2}\left(\dfrac{\partial^2}{\partial x^2}+\dfrac{\partial^2}{\partial y^2}\right)\right]f\bigg|_{z=0} = 0 \\ \left[\dfrac{1}{c}\dfrac{\partial^2}{\partial z \partial t} + \dfrac{1}{c^2}\dfrac{\partial^2}{\partial t^2} - \dfrac{1}{2}\left(\dfrac{\partial^2}{\partial x^2}+\dfrac{\partial^2}{\partial y^2}\right)\right]f\bigg|_{z=d} = 0 \end{cases} \tag{2-73}$$

式中：$c=\sqrt{1/(\gamma\mu_0)}$，为电磁场的传播速度。

将式(2-71)~式(2-73)代入 FDTD 算法中，可以写出其统一的差分方程形式为

$$\begin{aligned} f^{n+1}(P_0) = &-f^{n-1}(Q_0) + A_1[f^{n+1}(Q_0)+f^{n-1}(P_0)] + \\ & A_2[f^n(P_0)+f^n(Q_0)] + \\ & A_3[f^n(P_1)-2f^n(P_0)+f^n(P_3)+f^n(Q_1)-2f^n(Q_0)+f^n(Q_3)] + \\ & A_4[f^n(P_4)-2f^n(P_0)+f^n(P_2)+f^n(Q_4)-2f^n(Q_0)+f^n(Q_2)] \end{aligned} \tag{2-74}$$

式中：A_1、A_2、A_3 和 A_4 为差分方程的系数。例如，当 f 代表 E_z 分量且在 $x=0$ 截面内时，系数 $A_1 = \dfrac{c\Delta t - \Delta x}{c\Delta t + \Delta x}$，$A_2 = \dfrac{2\Delta x}{c\Delta t + \Delta x}$，$A_3 = \dfrac{\Delta x \,(c\Delta t)^2}{2\,(\Delta y)^2(c\Delta t + \Delta x)}$，$A_4 = \dfrac{\Delta x \,(c\Delta t)^2}{2\,(\Delta z)^2(c\Delta t + \Delta x)}$，依此可类推其他电磁场分量相对应的系数。

另外，方程(2-74)中各点的相对位置关系如图 2-16 所示。在截断边界上，FDTD 中磁场分量的计算式不涉及界面以外的节点，吸收边界条件将不考虑磁场分量的处理，仅考虑电场的切向分量。

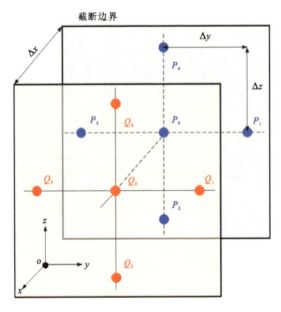

图 2-16 二阶吸收边界条件涉及的节点

从方程(2-74)可以看出，该方程只对截面内的节点有效，当节点位于棱边上时，涉及区域以外的节点，此时应用该方程处理无效，因此，对于棱边上的节点，改用一阶 Mur 吸收边界条件代替，其统一差分形式为

$$f^{n+1}(P_0) = f^n(Q_0) + A_1[f^{n+1}(Q_0) - f^n(P_0)] \tag{2-75}$$

2.3.6 模拟程序设计

前面讨论了差分模拟算法中的 FDTD 差分方程、数值稳定性条件、激励源的设置以及吸收边界条件,整体上形成了一套完整的、可实现的结构性思路,为程序的编制提供了逻辑基础。因此,本书采用 MFC 语言平台对差分模拟算法进行了开发与实现,程序中设计了参数录入、差分迭代、边界条件处理、文件输出与线程处理 5 个模块,具体的设计思路见图 2-17。

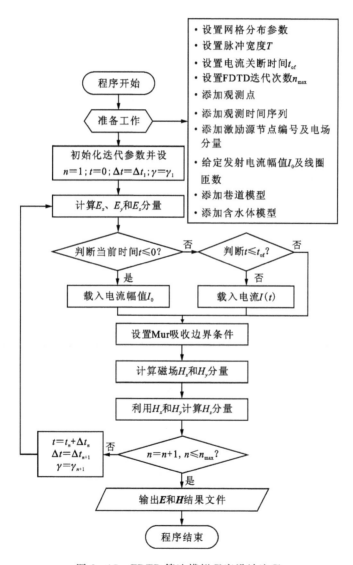

图 2-17 FDTD 算法模拟程序设计流程

2.3.7 均匀模型瞬变电磁场模拟及程序验证

如图 2-18 所示,给定模拟空间为 300m×300m×300m,将发射线圈按图中布置,发射线圈边长为 2m,匝数 10 匝,电流为 2.5A,关断时间为 1μs,中心接收线圈面积归一化为 1m²,其中心坐标为(150,150,150),其中,在线圈两侧网格边长设为 1m,其余网格边长为 2m。

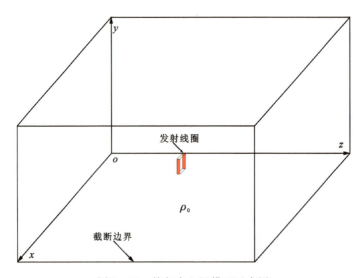

图 2-18 均匀全空间模型示意图

1. 全空间均匀介质中瞬变电磁场的扩散规律

设置全空间均匀介质电阻率 ρ_0 为 10Ω·m,经多次差分计算,可以获得给定模拟空间内不同时刻的瞬变电磁场数据。目前,坑道瞬变电磁超前探测主要观测瞬变电磁场的垂直分量,直接实测电磁场参数为感应电动势。图 2-19 给出了均匀导电空间条件下不同时刻感应电动势垂直分量的三维等值线图。从图中可见,在瞬变电磁场的早延时段(如 $t=9.34\mu s$、$t=18.18\mu s$ 时刻),感应电动势等值线主要聚集在线圈源附近,说明在瞬变电磁场早延时段,电磁场仅扩散在浅部空间介质;随着时间的延迟(如 $t=35.12\mu s$、$t=75.02\mu s$ 时刻),感应电动势等值线逐渐向外扩展并且幅值逐渐减弱,表明瞬变电磁场正逐渐向外扩散,电磁场能量逐渐消耗,但在不同平面和不同位置,感应电动势等值线分布所表现的特征不同。其中,在面 xy 内呈圆形分布;在面 xz 或面 yz 内瞬变电磁场以线圈中点沿坐标轴呈对称分布;在距离线圈场源较近的区域,感应电动势等值线密集,电磁场能量相对集中。为更好地体现水平平面内瞬变电磁场的分布特征,提取对应上述各时刻中 $y=150$m 平面的瞬变电磁场数据,获得如图 2-20 所示的感应电动势快照。从图中可见,在瞬变电磁场的早延时段(图 2-20A、B),感应电动势沿 x 轴或 z 轴对称,而当进入瞬变电磁场的中、晚延时段(图 2-20C、D),逐渐呈近似圆形的特征向外扩散。

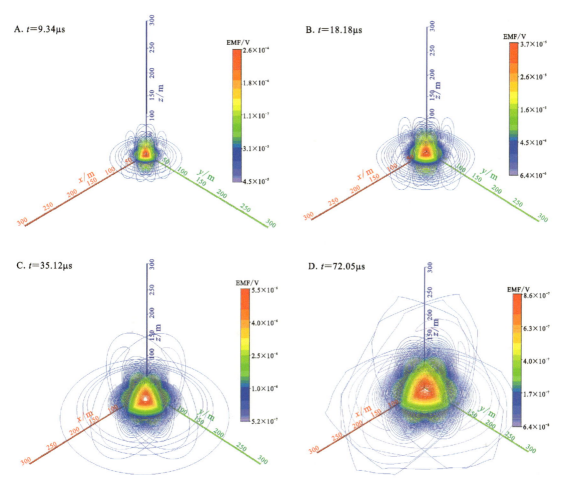

图 2-19 均匀导电全空间多匝小线圈源瞬变电磁场扩散三维等值线图

2. 线圈中心瞬变电磁场数据分析与精度

发射线圈中心点处瞬变电磁场的响应是坑道超前探测关注的重点。图 2-21 给出了 FDTD 数值模拟获得的发射线圈中心点瞬变磁场延时衰减曲线与电流阶跃关断解析解曲线。由于此处在数值模拟过程中考虑了电流关断时间,而解析解则不包含电流关断时间的影响,因此,图 2-21 中瞬变电磁场衰减曲线从 $20\mu s$ 时刻开始,避免关断时间影响,便于程序精度验证。从图中可见,两条曲线在 $20\mu s$ 后基本重合。图 2-22 给出了线圈中心感应电动势衰减曲线与解析解曲线,同样,两条曲线接近一致。为进一步确定 FDTD 解与解析解的误差大小,图 2-23 给出了线圈中心点处感应电动势的误差曲线。从图中可以看出,在 10ms 范围之内,FDTD 解与解析解的最大误差不超过 9%。综合上述数据分析,可以确定数值模拟程序可靠,这为后续含水地质模型的模拟研究奠定了良好基础。

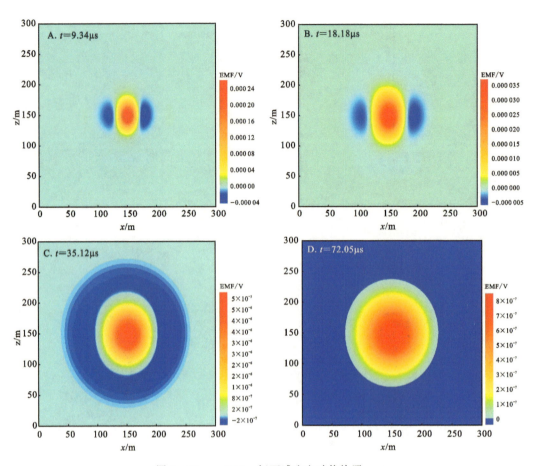

图 2-20　y＝150m 切面感应电动势快照

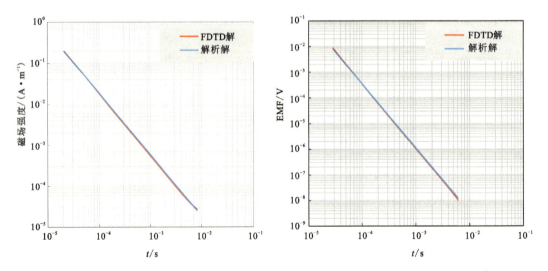

图 2-21　磁场 FDTD 解与解析解的对比　　图 2-22　感应电动势 FDTD 解与解析解的对比

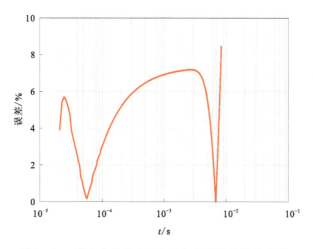

图 2-23　感应电动势 FDTD 解与解析解的误差曲线

2.4　坑道超前不同含水体的瞬变电磁场响应模拟与分析

2.4.1　含水地质模型的选择

在我国大部分矿区,煤矿开采正向深部发展,地质条件变得越来越复杂。在坑道掘进过程中,富水岩溶、含导水断层和含导水陷落柱等是常见的含水体类型,为造成坑道突水等灾害的主要不良地质因素。此处将针对这 3 种模型的全空间瞬变电磁场响应特征进行模拟研究。

为便于设置模拟参数,将上述 3 种含水地质模型分别简化为立方体含水模型、板状体含水模型和柱状体含水模型。对于坑道瞬变电磁超前探测,坑道掘进工作面前方含水构造存在多种状态信息(包括含水体相对掘进工作面的空间方位及距离、产状、几何尺寸、电性特征等),如含导水断层可以是直立的也可以是倾斜的,但实际探测时,考虑发射线圈激励场具有较强的定向特性,可通过调整发射线圈的法线方向使其与含水体之间保持最佳的探测状态,即线圈法线与含水体近似正交,此时获得的瞬变电磁场响应是判定含水强弱及空间位置的主要依据。因此,数值模拟的重点有以下 3 个方面。

(1)针对大小相同而距离不同的含水地质模型进行瞬变电磁场响应模拟,以获得含水体的距离与瞬变电磁场异常响应的相关关系。

(2)针对距离相同而大小不同的含水体模型进行瞬变电磁场响应模拟,以获得含水体的体积大小与瞬变电磁场异常响应的相关关系。

(3)考虑含水体的含水程度与电性特征之间的对应关系(含水程度越大,电阻率越低;反之,电阻率越高),针对距离相同、大小相同而电性特征不同(即电阻率不同)的含水体模型进行瞬变电磁场响应模拟,以获得含水体富水强弱与瞬变电磁场异常响应的相关关系。

通过对以上 3 个方面的比较,获得不同类型含水体的瞬变电磁场异常响应特征。

2.4.2 瞬变电磁场异常系数的定义

坑道空间条件下的瞬变电磁场模拟过程中,需要考虑的影响因素较多,除了坑道掘进工作面前方含水地质模型的设置,还需要考虑坑道空间本身的大小对瞬变电磁场激励与分布规律的影响。根据相关研究,坑道对探测空间内瞬变电磁场的分布有一定的影响,主要表现为瞬变电磁场的响应幅值比均匀全空间低,计算的视电阻率值比全空间视电阻率偏高,但瞬变电磁场随时间延迟的衰减趋势不变。因此,为获得坑道掘进工作面前方含水地质模型的瞬变电磁场响应特征,在模拟过程中,不考虑坑道空间的存在,而是通过瞬变电磁场异常系数直接加以分析解释来避免对坑道空间影响的研究与讨论,这为瞬变电磁场的数值模拟简化了数值模型,使程序模拟的数值精度在一定程度上得到提高。

定义均匀全空间条件下的瞬变磁场和感应电动势分别为 h_0 和 ε_0,由 h_0 和 ε_0 分别计算所得的视电阻率为 ρ_{s0}^h 和 ρ_{s0}^ε,其中 ρ_{s0}^h 采用全程视电阻率算法,ρ_{s0}^ε 采用晚期视电阻率算法。同样,定义坑道掘进工作面前方存在含水体模型条件下的瞬变磁场和感应电动势分别为 h_a 和 ε_a,对应的视电阻率值为 ρ_{sa}^h 和 ρ_{sa}^ε,则含水条件下的瞬变电磁场异常系数 η 定义如下:

$$\begin{cases} \eta(h) = \dfrac{h_a}{h_0}, \eta(\rho_s^h) = \dfrac{\rho_{sa}^h}{\rho_{s0}^h} \\ \eta(\varepsilon) = \dfrac{\varepsilon_a}{\varepsilon_0}, \eta(\rho_s^\varepsilon) = \dfrac{\rho_{sa}^\varepsilon}{\rho_{s0}^\varepsilon} \end{cases} \quad (2-86)$$

式中:$\eta(h)$ 为基于磁场定义的异常系数;$\eta(\rho_s^h)$ 为基于磁场全程计算的视电阻率异常系数;$\eta(\varepsilon)$ 为基于感应电动势定义的异常系数;$\eta(\rho_s^\varepsilon)$ 为基于感应电动势晚期计算的视电阻率异常系数。

为能突出含水体的瞬变电磁场响应,可从瞬变电磁场的扩散规律及发射线圈中心瞬变电磁场的响应特征两个方面加以分析。

2.4.3 立方体含水模型的瞬变电磁场响应

1. 模型参数设置

立方体含水模型布置在坑道掘进工作面正前方,模型中心与线圈中心共线,并对模型参数进行如下假定:围岩介质的电阻率为 ρ_0(与全空间条件下均匀介质电阻率相同),坑道掘进工作面与模型最近一面的距离为 d,含水体模型电阻率为 ρ_a,模型长为 L,宽为 W,高为 H,如图 2-24 所示。一般情况下,含水体模型的电阻率比围岩的电阻率低,由此产生的电性差异是瞬变电磁超前探水的地球物理前提,因此,数值模拟时设计了表 2-1 给出的 4 种立方体含水模型。

2. 瞬变电磁场的扩散规律分析

以下以 Mode-1 为例对立方体含水模型条件下的瞬变电磁场扩散规律加以分析。图 2-25 给出了 $35.06\mu s$、$180.01\mu s$、$720\mu s$、$2500\mu s$、$6000\mu s$ 和 $10\,000\mu s$ 共 6 个不同时刻模拟空间中感应电动势分布的三维快照。从图中明显可见,随着时间的延迟,瞬变电磁场不断向外扩散:

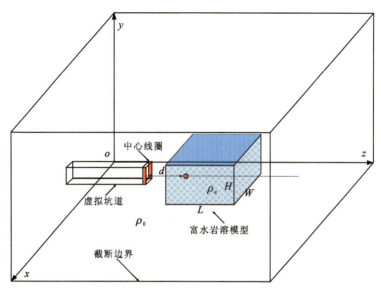

图 2-24 立方体含水模型示意图

表 2-1 4 种立方体含水模型模拟参数

模型编号	$\rho_0/\Omega \cdot m$	$\rho_a/\Omega \cdot m$	d/m	$L \times W \times H/m^3$
Model-1	10	1	20	$20 \times 20 \times 20$
Model-2	10	1	40	$20 \times 20 \times 20$
Model-3	10	1	20	$40 \times 40 \times 40$
Model-4	10	5	20	$40 \times 40 \times 40$

在早延时段，瞬变电磁场呈均匀扩散；当瞬变电磁场扩散至含水体模型时，在模拟空间中，感应电动势在模型内部聚集，能量集中。

为更好地体现这一过程，图 2-26 给出了 $y=150m$ 切面对应 6 个时刻的二维快照。从图中可见：①在 $35.06\mu s$（图 2-26A）时刻，空间中感应电动势的分布范围小，仅限于发射源周围，此时，瞬变电磁场位于早延时段，幅值高。如果定义图中感应电动势的正值代表瞬变电磁场的正方向能量，负值代表反方向能量，则可以看出，在模型距离线圈源最近一面，显示瞬变电磁场的反方向能量聚集，而在相对的坑道一侧，感应电动势幅值小，能量小于模型边界处，表明含水体模型开始逐渐吸引瞬变电磁场的能量，此时空间中其他各处的瞬变电磁场分布与早延时的均匀瞬变电磁场接近，受含水模型的扰动较小。②随着时间的延迟，瞬变电磁场逐渐扩散，在 $180.01\mu s$（图 2-26B）和 $720\mu s$（图 2-26C）时刻，感应电动势的等势线在模型区域出现明显的凹进现象，表明此时瞬变电磁场能量受到含水体模型的吸引能力加强。但同时可以看出，相比于源至模型相同距离处各点的瞬变电磁场幅值，模型内部反方向能量的传播速度明显减缓。在该时间段，模型内部瞬变电磁场正反方向能量共存。③当时间延

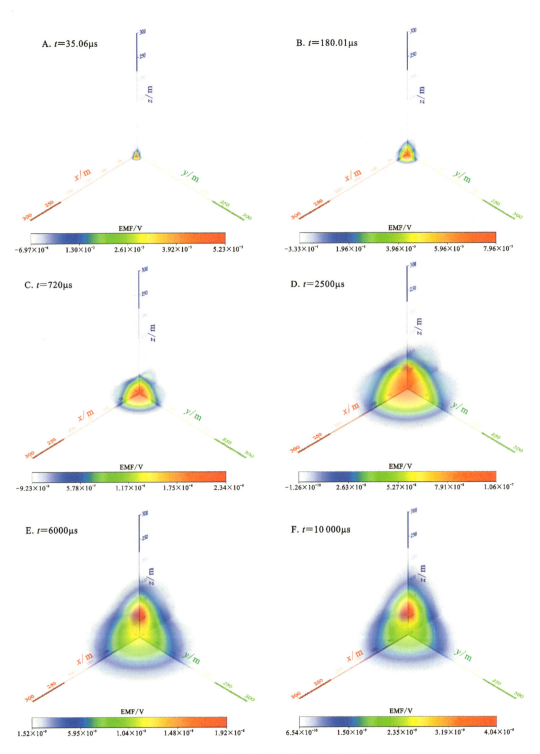

图 2-25 立方体含水模型的感应电动势三维快照

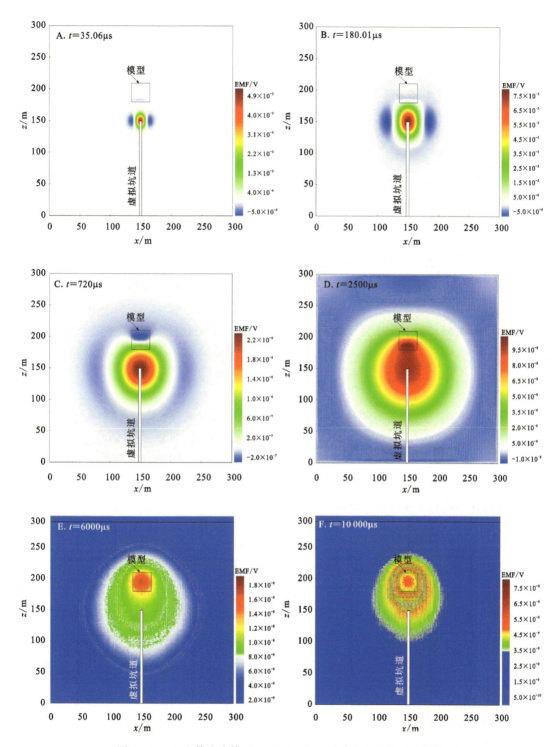

图 2-26　立方体含水模型 $y=150\mathrm{m}$ 切面的感应电动势二维快照

迟至 2500μs(图 2-26D)时刻,模型周围感应电动势畸变现象基本消失,在模型的外围,感应电动势的等势线逐渐恢复圆形扩散特征,这表明,一旦瞬变电磁场穿过模型,其扩散速度明显加快。此时,在模型周围及内部,正方向能量占主导。从感应电动势的分布特征可以看出,该时刻瞬变电磁场的能量正在逐渐地扩散至含水模型内部,而线圈源附近的瞬变电磁场能量正在逐渐减弱,展示了瞬变电磁场能量的传递过程。④至 6000μs(图 2-26E)时刻,明显可见瞬变电磁场的能量主要聚集在含水模型的内部,此时模型成为一个"新瞬变场源",随着时间的进一步推进,在 10 000μs(图 2-26F)时刻,"新瞬变场源"则近似以"点状"形式向模型外围辐射能量,向模型内部收敛,逐渐减小能量聚集区域,直至能量衰减完全。

由上述整个瞬变电磁场的扩散过程可见,在具有立方体含水模型的空间中,若以立方体含水模型的瞬变电磁场响应来划分,则可分为立方体含水体模型的感应期和衰减期。①感应期可以认为是由线圈源激发的瞬变电磁场主能量扩散至模型之前的时间阶段。在该阶段中,模型内部的瞬变电磁场分布复杂,以反方向能量为主,但此时场的能量较弱,对模型激励能力不强;随时间的延迟,瞬变电磁场向外、向远处扩散,正方向能量逐渐扩散至模型,在模型内部起到能量主导作用,模型逐渐开始响应。②衰减期是在模型内部聚集瞬变电磁场主能量后而激励瞬变电磁场的阶段。在该阶段,含水模型成为"新瞬变场源",对外以"点状"形式辐射瞬变电磁场,对内则向模型中心收敛,受到自身阻抗的影响,瞬变电磁场能量逐渐消耗。

3. 发射线圈中心点瞬变电磁场的响应分析

根据异常系数的定义,当坑道掘进工作面前方介质均匀且无含水体时,异常系数将趋于 1;反之,异常系数发生变化。其中,$\eta(h)$ 和 $\eta(\varepsilon)$ 应总体增大,$\eta(\rho_s^h)$ 和 $\eta(\rho_s^\varepsilon)$ 总体减小。根据 h、ε 分别与 ρ_s^h、ρ_s^ε 的函数关系,如以处于晚期的瞬变电磁场与其视电阻率的函数关系为例,$\eta(\rho_s^h)$、$\eta(\rho_s^\varepsilon)$ 分别为 $\eta(h)$ 和 $\eta(\varepsilon)$ 的 $-2/3$。从函数关系看,$\eta(h)$ 和 $\eta(\varepsilon)$ 比 $\eta(\rho_s^h)$ 和 $\eta(\rho_s^\varepsilon)$ 灵敏度高,而实际探测时是采用视电阻率作为测试区域内含水体的异常识别参数,因此,分析 $\eta(h)$、$\eta(\varepsilon)$、$\eta(\rho_s^h)$ 和 $\eta(\rho_s^\varepsilon)$ 均具有实际意义。可以明确的是,$\eta(h)$ 和 $\eta(\varepsilon)$ 越大,$\eta(\rho_s^h)$ 和 $\eta(\rho_s^\varepsilon)$ 越小,表明含水体的瞬变电磁场响应越强;反之,含水体的瞬变电磁场响应越弱。图 2-27 给出了 4 个模型的异常系数 $\eta(h)$、$\eta(\varepsilon)$、$\eta(\rho_s^h)$ 和 $\eta(\rho_s^\varepsilon)$ 曲线,表征了瞬变电磁场在不同含水状态条件下的响应特征。

(1)模型距离与异常系数的相关特征:图 2-27A~D 分别显示了在模型体积、电阻率值不变和仅改变模型距离 d 条件下的瞬变电磁场响应特征。显然,$\eta(h)$、$\eta(\varepsilon)$、$\eta(\rho_s^h)$ 和 $\eta(\rho_s^\varepsilon)$ 曲线特征互不相同。从 $\eta(h)$ 和 $\eta(\varepsilon)$ 曲线(图 2-27A、B)看,Model-1 的瞬变电磁场响应时间早,响应强,异常系数值高;Model-2 的瞬变电磁场响应时间较晚,响应较弱,且异常系数小。从 $\eta(h)$ 的曲线分布分析,两者的瞬变电磁场起始响应时间相差约 900μs,而在 $\eta(\varepsilon)$ 分布图中,瞬变电磁场的起始响应时间相差更大,约 1600μs,表明感应电动势对地电异常信息的反映比对磁场的要迟;从 $\eta(h)$ 和 $\eta(\varepsilon)$ 曲线中分别可看出,Model-1 的最大异常系数均大于 Model-2 的最大异常系数,分别约为 1.15 倍和 1.48 倍。$\eta(\rho_s^h)$ 和 $\eta(\rho_s^\varepsilon)$ 的异常响应时间分别与 $\eta(h)$ 和 $\eta(\varepsilon)$ 相同,异常系数的比值约为 $-2/3$ 变化。从上述分析可见,模型至线圈源的距离对中心线圈瞬变电磁场的响应时间和响应幅值有较大影响,距离越近,含水体模型引起的线圈中心瞬变电磁场响应时间越早、响应幅值越大,$\eta(h)$和$\eta(\varepsilon)$越大,$\eta(\rho_s^h)$和$\eta(\rho_s^\varepsilon)$越小,曲线形态波动大;反之,瞬变电磁场响应时间越晚、异常响应越弱,$\eta(h)$、$\eta(\varepsilon)$、$\eta(\rho_s^h)$和$\eta(\rho_s^\varepsilon)$越趋于平缓。

(2)模型体积与异常系数的相关特征:图2-27E~H依次分别为$\eta(h)$、$\eta(\varepsilon)$、$\eta(\rho_s^h)$和$\eta(\rho_s^\varepsilon)$这4种异常系数曲线,分别显示了在模型距离和电阻率值不变、仅改变模型体积(此处为边长不等情况)条件下的瞬变电磁场响应特征。对比分析可见,在模型距离相等、电阻率值相等而模型边长不同的情况下,异常响应时间相同,但响应幅度不等;在图2-27E中,

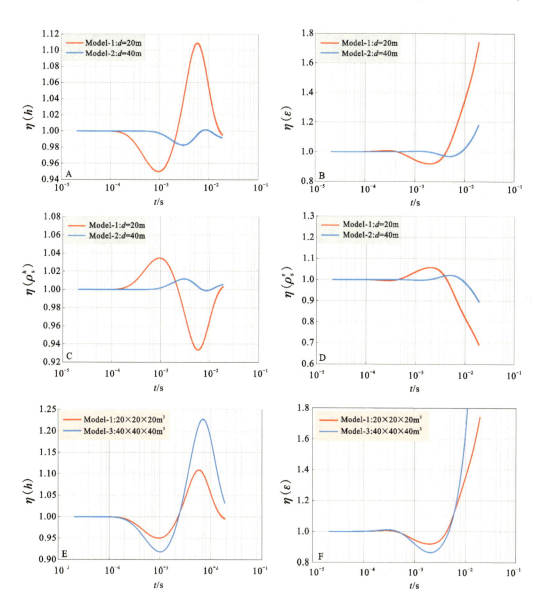

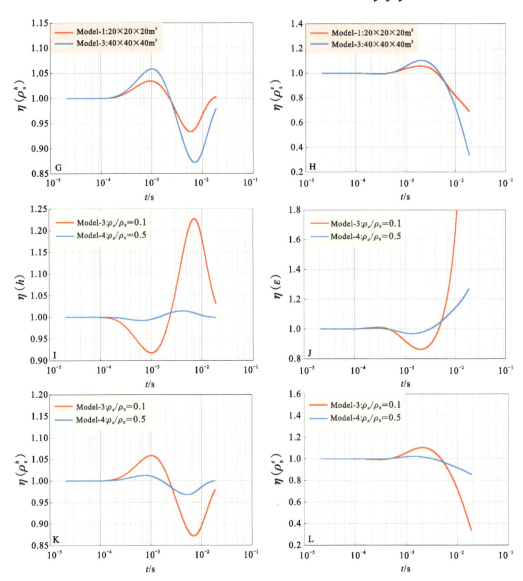

图 2-27 立方体含水模型线圈中心点异常响应

A. 不同模型距离下的 $\eta(h)$ 曲线；B. 不同模型距离下的 $\eta(\varepsilon)$ 曲线；C. 不同模型距离下的 $\eta(\rho_s^h)$ 曲线；D. 不同模型距离下的 $\eta(\rho_s^\varepsilon)$ 曲线；E. 不同模型大小的 $\eta(h)$ 曲线；F. 不同模型大小的 $\eta(\varepsilon)$ 曲线；G. 不同模型大小的 $\eta(\rho_s^h)$ 曲线；H. 不同模型大小的 $\eta(\rho_s^\varepsilon)$ 曲线；I. 不同模型电阻率的 $\eta(h)$ 曲线；J. 不同模型电阻率的 $\eta(\varepsilon)$ 曲线；K. 不同模型电阻率的 $\eta(\rho_s^h)$ 曲线；L. 不同模型电阻率的 $\eta(\rho_s^\varepsilon)$ 曲线

Model-1 的最大异常系数约为 1.11，而 Model-3 的最大异常系数约为 1.225，可知边长为 40m 的 Model-3 与边长为 20m 的 Model-1 的最大异常系数比值约为 1.10；图 2-27F 中相应的最大异常系数比值约为 1.17，而 $\eta(\rho_s^h)$ 和 $\eta(\rho_s^\varepsilon)$ 的最大异常响应系数分别对应于 $\eta(h)$ 和 $\eta(\varepsilon)$ 的 -2/3。上述数据表明立方体模型的体积主要影响含水体瞬变电磁场响应的幅值，体积越大，响应越强，$\eta(h)$ 和 $\eta(\varepsilon)$ 越大，$\eta(\rho_s^h)$ 和 $\eta(\rho_s^\varepsilon)$ 越小；反之，线圈中心瞬变电磁场响应越弱，$\eta(h)$、$\eta(\varepsilon)$、$\eta(\rho_s^h)$ 和 $\eta(\rho_s^\varepsilon)$ 越平缓，波动越小。

(3) 模型电阻率值与异常系数的相关特征：图 2-27I~L 分别显示了在模型距离和体积大小不变，仅改变模型电阻率值条件下的瞬变电磁场响应特征。显然，$\eta(h)$、$\eta(\varepsilon)$、$\eta(\rho_s^h)$ 和 $\eta(\rho_s^\varepsilon)$ 曲线特征互不相同。从图中可以看出，模型 $\rho_a/\rho_0=0.1$ 和 $\rho_a/\rho_0=0.5$ 情况下的异常响应时间基本一致，但前者的瞬变电磁场响应异常系数高于后者，前后者的最大 $\eta(h)$ 比值约为 1.195，最大 $\eta(\varepsilon)$ 比值约为 1.67，对应的 $\eta(\rho_s^h)$ 和 $\eta(\rho_s^\varepsilon)$ 的最大异常系数比值分别为 0.88 和 0.70。这说明在相同的围岩电阻率条件下，含水体的电阻率值越小，线圈中心瞬变电磁场响应幅度越大，$\eta(h)$ 和 $\eta(\varepsilon)$ 越大，$\eta(\rho_s^h)$ 和 $\eta(\rho_s^\varepsilon)$ 越小；反之，线圈中心瞬变电磁场响应越弱，$\eta(h)$、$\eta(\varepsilon)$、$\eta(\rho_s^h)$ 和 $\eta(\rho_s^\varepsilon)$ 越平缓，波动越小。

综合上述分析可以发现瞬变电磁场因受到模型距离、体积和电阻率值的影响而表现出不同的响应特征，具体为：①线圈中心点的含水体模型瞬变电磁场起始响应时间由模型至线圈源的距离决定，即距离越近，异常起始响应时间越早；反之，响应时间越晚。②线圈中心异常的响应幅度与模型的距离、体积和电阻率大小均相关，模型距离越近，异常响应幅度越大；模型体积越大，异常响应幅度越大；模型电阻率越小，异常响应幅度越大；反之，异常响应越弱。③在相同距离及体积条件下，模型电阻率值越低，其异常的响应时间窗口越长。总而言之，立方体含水模型距离越近、边长越大、电阻率值越低，其瞬变电磁场的异常响应特征越明显，对瞬变电磁超前探测越有利。

2.4.4　板状体含水模型的瞬变电磁场响应

1. 模型参数设置

板状体含水模型布置如图 2-28 所示。板状体的中心位于坑道中心轴线上，并与坑道轴线垂直。设计板体宽 W 和高 H 相等，板状体的厚度为 L，坑道掘进工作面与模型最近一面的距离为 d，模型电阻率为 ρ_a。模拟时设计了表 2-2 中的 4 种板状体模型。

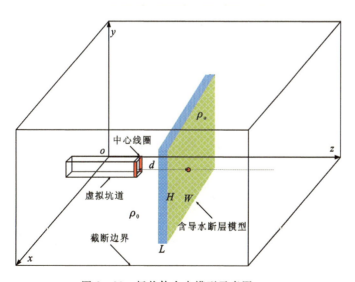

图 2-28　板状体含水模型示意图

表 2-2 板状体含水模型模拟参数

模型编号	$\rho_0/\Omega \cdot m$	$\rho_a/\Omega \cdot m$	d/m	$L\times W\times H/m^3$
Model-1	10	1	20	30×180×180
Model-2	10	1	40	30×180×180
Model-3	10	1	20	15×180×180
Model-4	10	5	20	30×180×180

2. 瞬变电磁场的扩散规律分析

图 2-29 给出了全空间板状体含水模型在多匝方形小线圈源激励下不同时刻的感应电动势三维快照,图 2-30 为对应各时刻 $y=150m$ 切面的二维感应电动势快照。纵观模拟空间中整个瞬变电磁场的扩散过程,与立方体含水模型相似,经历感应和衰减两个阶段,但与其不同的是,早延时段瞬变电磁场数据在板状体含水模型内部的扩散过程中出现明显的"拐点"(图 2-30B~D),瞬变电磁场的主能量主要集中在该"拐点"至板状体中心范围之内,而"拐点"至板状体的两端,瞬变电磁场并无明显的扩散特征。当板状体含水模型成为"新瞬变场源"(图 2-28E)之后,板状体内瞬变电磁场呈"板状"向外辐射(图 2-28F),并且在板状体内部,逐渐沿板状体两端呈平面扩散。由此说明,在早延时段瞬变电磁场响应幅值不因板状体的无限延展而逐渐增强,而是受到一定限制,这与多匝方形小线圈的激励场超前分布特征具有一定的相似性;在晚延时段,瞬变电磁场沿板状体的横向扩散而起到延迟衰减的作用。总之,板状体含水模型的瞬变电磁场表现出"板状"扩散特征。

3. 中心线圈瞬变电磁场的响应分析

图 2-31 为板状体含水模型的异常系数 $\eta(h)$、$\eta(\varepsilon)$、$\eta(\rho_s^h)$ 和 $\eta(\rho_s^\varepsilon)$ 曲线图。从图中可见,各曲线形态与图 2-26 基本相似,但具体特征有所不同。

(1)模型距离与异常系数的相关特征:图 2-31A~D 分别为模型体积和电阻率值不变,仅改变模型距离 d 条件下的瞬变电磁场响应特征,因此,异常系数曲线的差异可认为由距离引起。对比可见,两个模型的磁场异常起始响应时间相差约有 $500\mu s$,且响应的幅度明显不同。由此可以发现:板状体距离线圈源越近,引起的线圈中心瞬变电磁场响应越强,$\eta(h)$ 和 $\eta(\varepsilon)$ 越大,$\eta(\rho_s^h)$ 和 $\eta(\rho_s^\varepsilon)$ 越小,异常系数曲线总体波动越大;反之,瞬变电磁场响应时间越晚,含水体响应越弱,$\eta(h)$、$\eta(\varepsilon)$、$\eta(\rho_s^h)$ 和 $\eta(\rho_s^\varepsilon)$ 越趋平缓。

(2)模型体积与异常系数的相关特征:图 2-31E~H 分别为模型距离和电阻率值不变,仅改变模型体积(此处为板状体厚度 L 不等的情况)条件下的瞬变电磁场响应特征。对比可见,$\eta(h)$、$\eta(\varepsilon)$、$\eta(\rho_s^h)$ 和 $\eta(\rho_s^\varepsilon)$ 曲线特征互不相同。从模型异常系数曲线的对比可见,厚度越大(即体积越大),线圈中心的瞬变电磁场响应的时间窗口明显增大,响应幅度增强,含水体的瞬变电磁场响应越显著。

第 2 章　基于多匝方形线圈源的全空间瞬变电磁探测理论

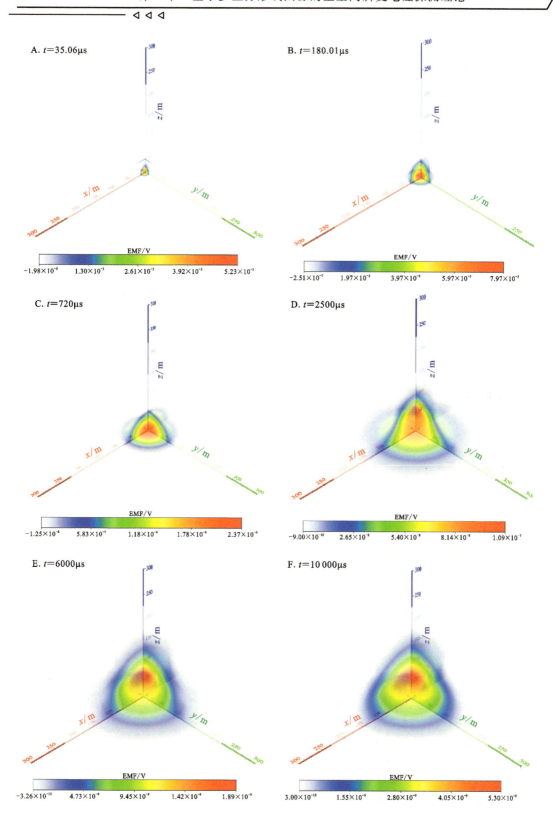

图 2-29　板状体含水模型的感应电动势三维快照

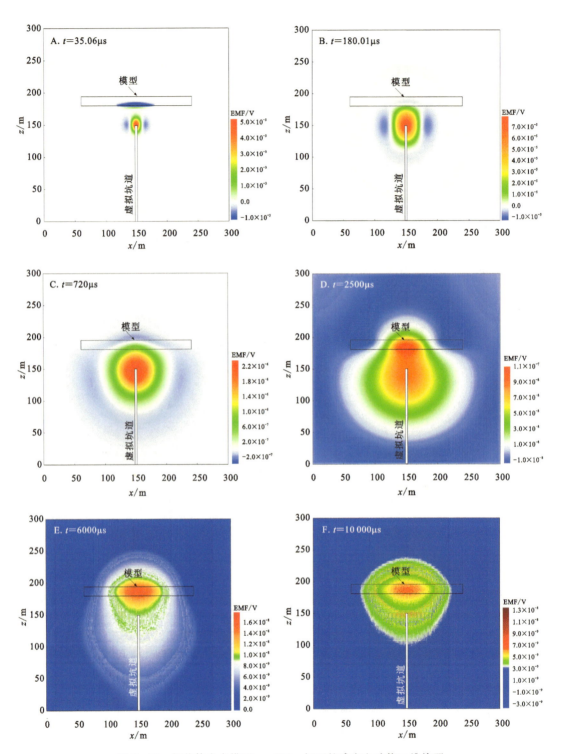

图2-30 板状体含水模型 $y=150$m 切面的感应电动势二维快照

第 2 章 基于多匝方形线圈源的全空间瞬变电磁探测理论

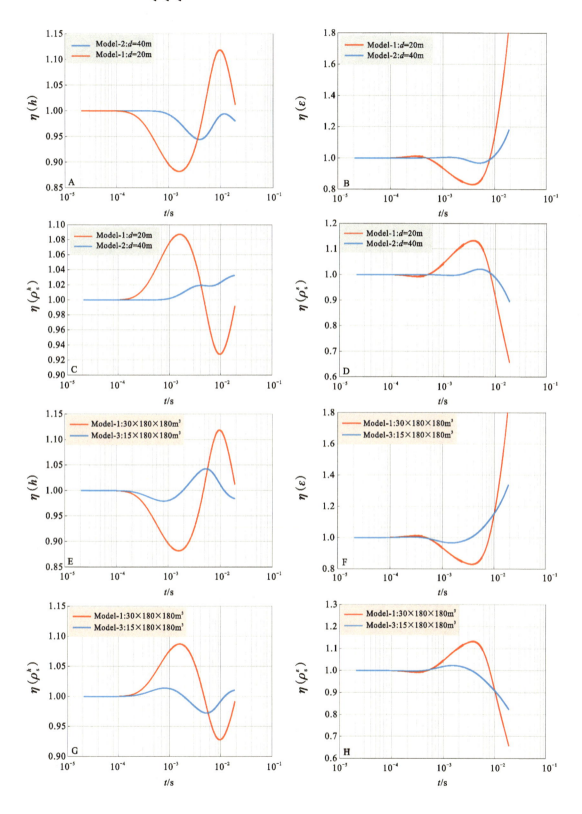

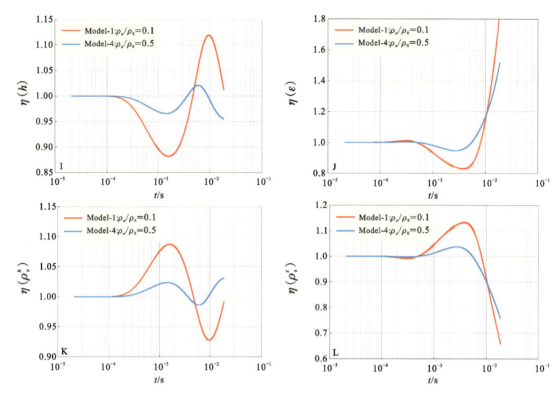

图 2-31 板状体含水模型中心线圈异常响应

A. 不同模型距离下的 $\eta(h)$ 曲线;B. 不同模型距离下的 $\eta(\varepsilon)$ 曲线;C. 不同模型距离下的 $\eta(\rho_s^h)$ 曲线;D. 不同模型距离下的 $\eta(\rho_s^\varepsilon)$ 曲线;E. 不同模型大小的 $\eta(h)$ 曲线;F. 不同模型大小的 $\eta(\varepsilon)$ 曲线;G. 不同模型大小的 $\eta(\rho_s^h)$ 曲线;H. 不同模型大小的 $\eta(\rho_s^\varepsilon)$ 曲线;I. 不同模型电阻率的 $\eta(h)$ 曲线;J. 不同模型电阻率的 $\eta(\varepsilon)$ 曲线;K. 不同模型电阻率的 $\eta(\rho_s^h)$ 曲线;L. 不同模型电阻率的 $\eta(\rho_s^\varepsilon)$ 曲线

(3)模型电阻率值与异常系数的相关特征:图 2-30I~L 分别显示了在模型距离和体积大小不变,仅改变模型电阻率值条件下的瞬变电磁场响应特征。从异常系数曲线可见,在相同围岩电阻率值条件下,模型电阻率值越低,线圈中心点瞬变电磁场响应幅值、时间窗口长度均有明显提高。因此,含水体电阻率值越低,瞬变电磁场异常响应特征越显著。

综上,瞬变电磁场因受模型距离、体积和电阻率值的影响而表现不同的响应特征,板状体含水模型的瞬变电磁场响应特征由板体的距离、厚度及相对围岩的电阻率值差异性决定,其中,瞬变电磁场异常响应的起始时间由距离决定,响应的时间范围和幅度由板体距离、厚度和电阻率值共同决定。当含水体距离场源越近、体积越大(即板状体厚度越大)、电阻率值越低,则线圈中线的瞬变电磁场响应特征越显著。

2.4.5 柱状体含水模型的瞬变电磁场响应

1. 模型参数设置

如图 2-32 所示,柱状体含水模型置于坑道掘进工作面正前方,中心位于坑道轴线上,并与坑道轴线垂直,长、宽、高分别为 L、W 和 H,其中 $L \times W$ 为其截面面积。数值模拟时设计了表 2-3 中的 4 种柱状体模型。

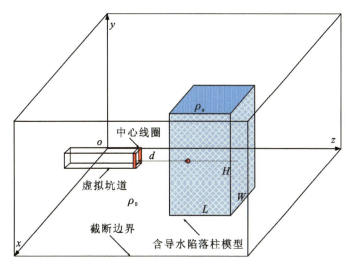

图 2-32　柱状体含水模型示意图

表 2-3　柱状体含水模型模拟参数

模型编号	$\rho_0 / \Omega \cdot m$	$\rho_a / \Omega \cdot m$	d/m	$L \times W \times H / m^3$
Model-1	10	1	20	50×50×180
Model-2	10	1	40	50×50×180
Model-3	10	1	20	20×20×180
Model-4	10	5	20	50×50×180

2. 瞬变电磁场的分布规律分析

图 2-33 给出了全空间柱状体含水模型在多匝小线圈源激励下不同时刻的感应电动势三维快照,图 2-34 和图 2-35 分别为对应时刻的 $y=150m$ 和 $x=150m$ 切面的二维快照。从图 2-32 中可见,随着时间的延迟,瞬变电磁场在不断向外扩散,并发生能量的转移与消耗,$y=150m$ 和 $x=150m$ 切片分别反映了这一时间过程。其中,在 $y=150m$ 切面内,柱状体含水模型的截面面积、位置与立方体含水模型的相似,从感应电动势的分布特征来看,在该切面内,柱状体含水模型与立方体含水模型的瞬变电磁场分布规律一致。在 $x=150m$ 切面内,柱状体含水模型的截面形状与板状体含水模型相似,在该切面内,柱状体含水模型与板状体含水模型的瞬变电磁场分布规律一致。由此可见,柱状体含水模型的瞬变电磁场分布规律性相对复杂,同时包含了立方体含水模型和板状体含水模型的瞬变电磁场扩散特征。

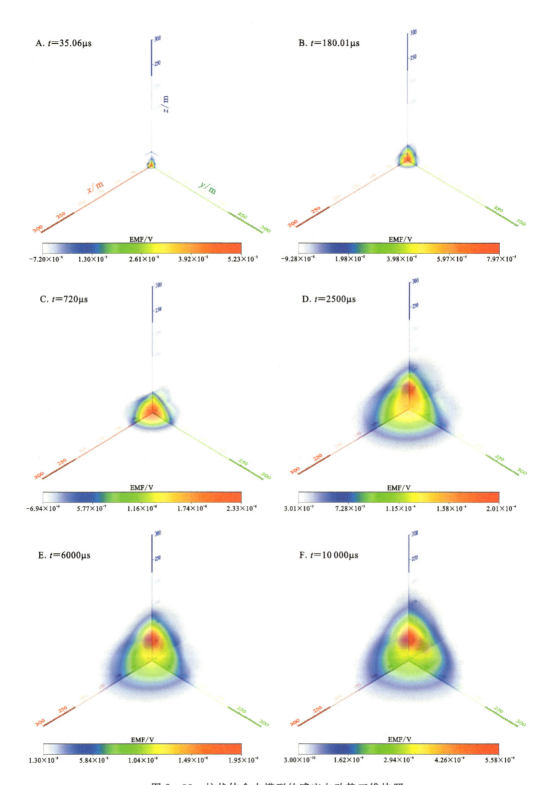

图 2-33 柱状体含水模型的感应电动势三维快照

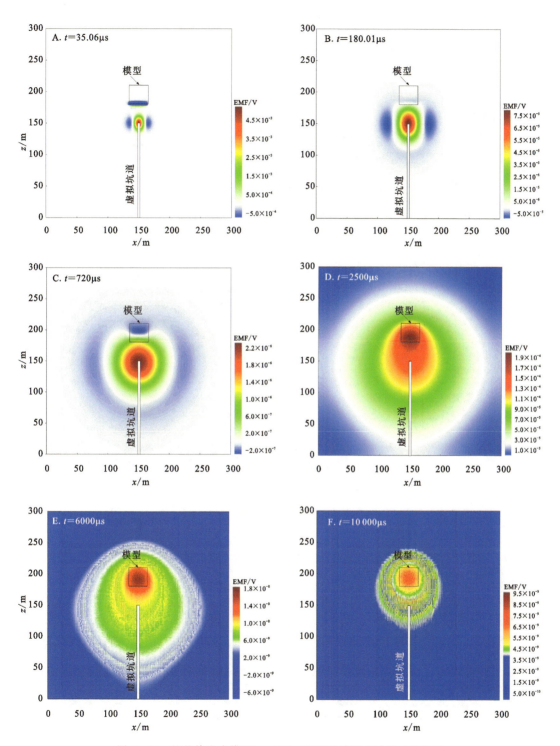

图 2-34 柱状体含水模型 $y=150\mathrm{m}$ 切面的感应电动势二维快照

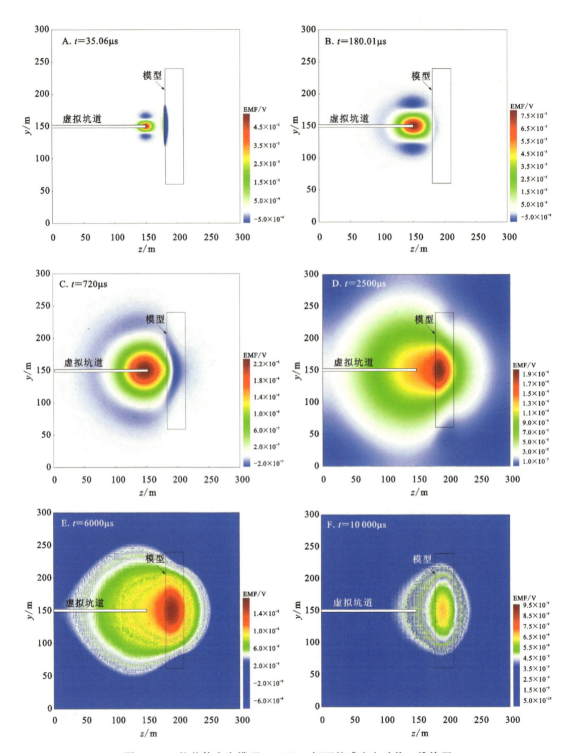

图 2-35 柱状体含水模型 $x=150\mathrm{m}$ 切面的感应电动势二维快照

3. 中心线圈瞬变电磁场的响应分析

图 2-36 为柱状体含水模型的 $\eta(h)$、$\eta(\varepsilon)$、$\eta(\rho_s^h)$ 和 $\eta(\rho_s^\varepsilon)$ 异常系数曲线图，从图 2-36 中可见，各曲线形态与立方体含水模型及板状体含水模型总体相似。

（1）模型距离与异常系数的相关特征：通过 Model-1 和 Model-2 的异常系数曲线对比可以看出，Model-1 比 Model-2 的磁场异常响应时间提前约 $600\mu s$。因此，当模型体积和电阻率值均不变的情况下，模型距离线圈源越近，瞬变电磁场的起始响应时间越早，异常系数 $\eta(h)$ 和 $\eta(\varepsilon)$ 越大，$\eta(\rho_s^h)$ 和 $\eta(\rho_s^\varepsilon)$ 越小，含水地质模型的异常场响应特征越显著。

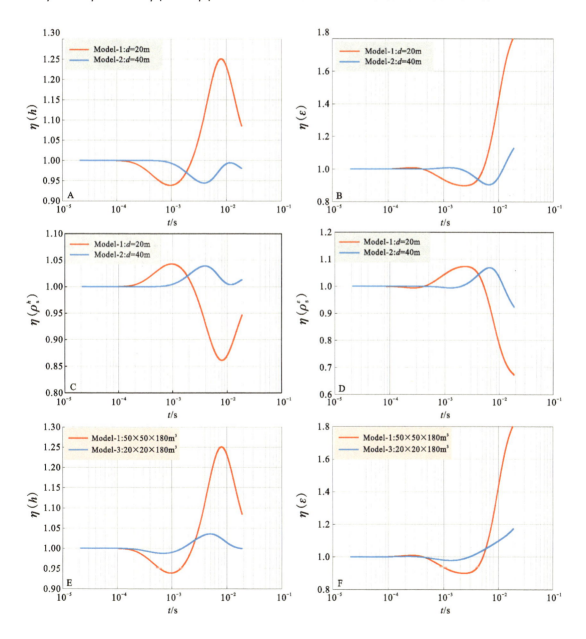

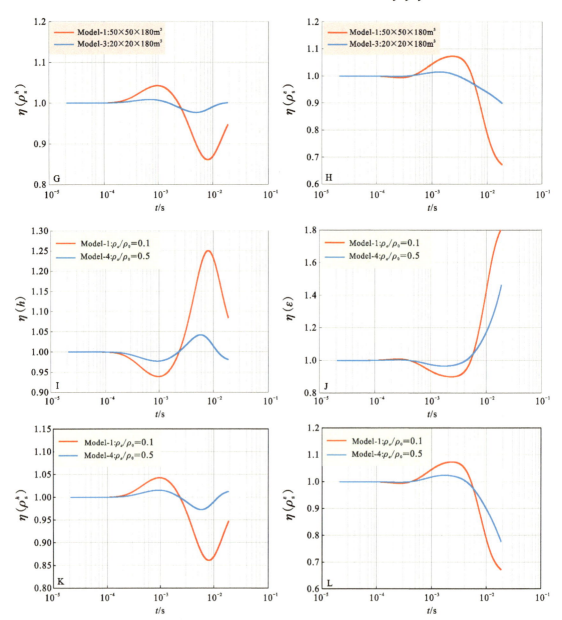

图 2-36 柱状体含水模型线圈中心的异常响应

A. 不同模型距离下的 $\eta(h)$ 曲线；B. 不同模型距离下的 $\eta(\varepsilon)$ 曲线；C. 不同模型距离下的 $\eta(\rho_s^h)$ 曲线；D. 不同模型距离下的 $\eta(\rho_s^e)$ 曲线；E. 不同模型大小的 $\eta(h)$ 曲线；F. 不同模型大小的 $\eta(\varepsilon)$ 曲线；G. 不同模型大小的 $\eta(\rho_s^h)$ 曲线；H. 不同模型大小的 $\eta(\rho_s^e)$ 曲线；I. 不同模型电阻率的 $\eta(h)$ 曲线；J. 不同模型电阻率的 $\eta(\varepsilon)$ 曲线；K. 不同模型电阻率的 $\eta(\rho_s^h)$ 曲线；L. 不同模型电阻率的 $\eta(\rho_s^e)$ 曲线

(2) 模型体积与异常系数的相关特征：通过 Model-1 和 Model-3 的异常系数曲线对比可以看出，柱状体含水模型的截面面积 $L \times W$ 越大，瞬变电磁场响应的时间窗口越长但不提前，响应幅值有大幅增强。因此，在模型距离和电阻率值不变情况下，模型体积增大，异常系数 $\eta(h)$ 和 $\eta(\varepsilon)$ 越大，$\eta(\rho_s^h)$ 和 $\eta(\rho_s^e)$ 越小，含水地质模型的异常场响应特征越显著。

(3) 模型电阻率值与异常系数的相关特征:通过 Model-1 和 Model-4 的异常系数曲线的对比可以看出,模型电阻率值越低,瞬变电磁场的异常响应幅度越大,响应时间窗口延长。因此,在模型距离和体积不变的情况下,模型电阻率值越小,异常系数 $\eta(h)$ 和 $\eta(\varepsilon)$ 越大,$\eta(\rho_s^h)$ 和 $\eta(\rho_s^e)$ 越小,含水地质模型的异常场响应特征越显著。

综上,瞬变电磁场因受模型距离、体积和电阻率值的影响而表现出不同的响应特征,柱状体含水模型的瞬变电磁场响应特征由模型的距离、截面面积及相对围岩的电阻率值差异决定,其中,瞬变电磁异常场响应的起始时间由距离决定,响应的时间范围和幅度受柱状体截面面积和电阻率值共同影响。当含水体距离场源越近、体积越大(即柱状体截面面积)、电阻率值越低,则线圈中线瞬变电磁场的异常响应特征越显著。

第3章 全空间瞬变电磁全程高分辨成像方法

3.1 瞬变电磁场观测方式

3.1.1 常规观测方式

坑道超前探测常应用U型和扇型观测方式(图3-1A)。应用U型观测方式时,以掘进工作面中心为原点,沿坑道左帮、前方和右帮采集数据,每个测点分别测试仰角45°顶板、水平顺层和俯角45°底板3个方向(图3-1B),其中重点关注顺层方向的测试数据,两帮数据由于测试条件的影响,结果解释时通常仅起到电性对比作用。与U型方式不同,扇型观测方式在横向布置上主要针对坑道掘进工作面前方一定角度范围进行数据采集。一般在坑道掘进工作面宽度大于2倍线圈边长情况下采用U型观测方式,因为该方式可对坑道掘进工作面正前方进行多次测试,对异常体的捕捉能力相对强;而当工作面宽度小于线圈边长1.5倍时宜选用扇型观测方式,此时只需把测试线圈置于坑道正中间,然后每次旋转一定角度即可,受坑道空间的约束相对较小,若要获得较多的数据,旋转的角度要小,一般选择10°~20°。

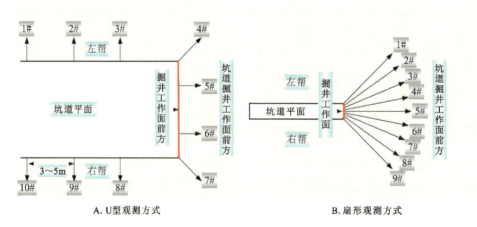

A. U型观测方式　　B. 扇形观测方式

图3-1 坑道超前探测的观测方式

3.1.2 四断面观测方式

从瞬变电磁超前常规观测方式中可以看出,其测试范围较大,易受四周环境干扰,左、右帮及顶、底板之间实测数据之间的响应差异较大,通过拟断面成像不利于获得异常体的真实信息,且仅利用顶板、顺层和底板 3 个断面很难对前方含水异常体纵向分布进行判断。考虑到井下坑道掘进工作面实际条件,通过改进观测布置方式,增加坑道中心竖直方向测线,即调整线框沿坑道顶板至底板方向逐点采集数据,可获得沿坑道中心的纵向垂直扇形剖面。这样以坑道中心线数据为主线,降低两帮金属物体干扰,减小测试条件差异产生的影响,且能对异常体的空间范围进行判定,获得坑道掘进工作面前方较为全面的空间信息。

图 3-2 为坑道中心线竖直剖面数据采集布置图。该布置方式将线框上仰 45°后进行测试,依次降低一定的角度,直至测试至俯角 45°左右止,获得垂直扇形剖面。数据采集时尽量密集布控,大数据量利于地质解释。图 3-3 为 4 个断面综合的数据点分布图,其全空间特征显著。常规的 3 个剖面可以对前方异常体水平位置进行判识,而竖直剖面可以对前方异常体纵向分布特征进行控制。

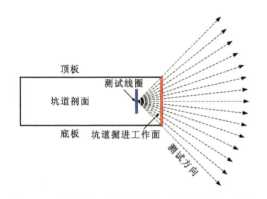 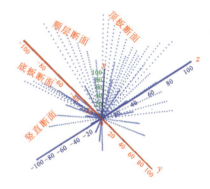

图 3-2 坑道中心线竖直剖面数据采集布置图　　图 3-3 4 个断面的数据点分布示意图

3.2 考虑关断时间影响的全空间全程视电阻率计算

瞬变电磁超前探测视电阻率是判定坑道掘进工作面前方含水异常特征的主要参数。在坑道超前探水应用过程中,目前采用的是理想瞬变电磁场理论对测试数据进行分析与解释,即从发射电流零关断(又称电流阶跃关断)条件下推导的瞬变电磁场响应表达式,然后计算其全程视电阻率或晚期视电阻率,从而对探测前方含水异常体进行空间划分与含水性判定。但实际中,受测试仪器的限制,发射电流难以满足阶跃关断,而需要一定的时间(简称关断时间)。由于关断时间的存在,将使坑道掘进工作面前方地质体的瞬变电磁场响应不再符合阶跃关断瞬变电磁场响应特征,导致基于阶跃关断的全程视电阻率解析算法存在不足。当探测中发射线圈匝数越多,关断时间越长,对瞬变电磁场数据的解析影响将越大。现有研究结果表明,关断时间对瞬变电磁场早、中延时数据的解析有较大影响。由此可见,坑道掘进工作面前方浅层地质体的导电性特征解析受到了较大的影响,因此,研究考虑关断时间的全空间全程视电阻率算法极为必要。

3.2.1 关断时间对激励场的影响

理想的电流波形与仪器实际输出的电流波形之间是有差异的,首先从激励场频谱特征角度进行认识。为描述两者之间的频谱差异,以发射电流线性关断为例,有阶跃电流与线性电流的复频谱表达式分别为

$$H_1(\omega) = \frac{H_0}{j\omega} \tag{3-1}$$

$$H_1(\omega) = \frac{H_0}{t_0\omega^2} \cdot (\cos\omega t_0 - 1 - j\sin\omega t_0) \tag{3-2}$$

式中:H_0 为脉冲磁场的幅值;ω_0 为角频率;j 为虚数;t_0 为电流关断时间。

从图3-4可见,阶跃电流和线性电流的能量主要集中在500Hz以内,高于500Hz的两种波形的能量分布会有一定的差异,这种差异随着关断时间的增加而增加。而根据电磁波的趋肤深度关系可知,在瞬变电磁场关断的早延时段内,瞬态涡流主要趋于坑道掘进工作面前方的浅部范围,以高频能量为主,随时间的延迟,涡流场向远处扩散,此时以低频能量为主导。由此可见,实际发射电流波形与阶跃电流之间在瞬变场的早延时段能量的衰减情况是不同的,进一步可认为两种激励条件下对早、中延时段数据所反映的地电信息有一定的差异性,其差异程度取决于关断时间的长短。

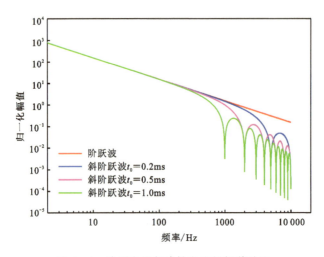

图3-4 阶跃电流与线性电流的频谱对比

3.2.2 关断时间对瞬变电磁场的影响

为进一步认识关断时间对瞬变电磁场响应的影响,对几种常规的电流关断模式进行分析。

1. 常规的电流关断模式

假设发射电流关断时,其关断函数表达式为

$$i(t)=\begin{cases} I_0 & t\leqslant 0 \\ I_0 f(t) & 0<t<t_0 \\ 0 & t\geqslant t_0 \end{cases} \quad (3-3)$$

式中:I_0 为发射电流幅值;$f(t)$ 为电流关断函数;t_0 为关断时间。

一般存在以下几种关断模式。

半正弦关断:

$$\begin{cases} f(t)=\sin\left(\dfrac{\pi}{2}-\dfrac{\pi}{2}\cdot\dfrac{t}{t_0}\right) \\ f'(t)=\dfrac{-\pi}{2t_0}\sin\left(\dfrac{\pi}{2}\cdot\dfrac{t}{t_0}\right) \end{cases} \quad (3-4)$$

指数关断:

$$\begin{cases} f(t)=\mathrm{e}^{-\frac{t}{t_0-t}} \\ f'(t)=-\dfrac{t_0}{(t-t_0)^2}\mathrm{e}^{-\frac{t}{t_0-t}} \end{cases} \quad (3-5)$$

线性关断:

$$\begin{cases} f(t)=\dfrac{t_0-t}{t_0} \\ f'(t)=-\dfrac{1}{t_0} \end{cases} \quad (3-6)$$

假设关断时间 $t_0=100\mu s$,可获得上述 3 种非阶跃关断电流的衰减曲线,如图 3-5 所示。从图中可见,在关断开始阶段,半正弦关断慢于线性关断,指数关断快于线性关断;在关断后期,半正弦关断和指数关断则表现相反。而瞬变电磁场的大小及分布形态与电流关断的速度有关,因此,不同的关断模式产生的瞬变电磁场必然不等。

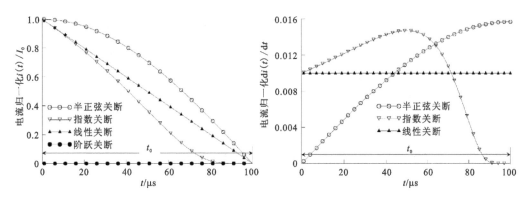

图 3-5 发射电流关断模式

2. 非阶跃关断中心线圈瞬变电磁场响应表达式

依据 Duhamel 积分式,可以得到任意输入作用下输出的过渡过程与脉冲过渡函数之间的关系,即非阶跃瞬变电磁场响应 $R'(t)$ 可表示为

$$R'(t) = \int_{-\infty}^{t} -\frac{\mathrm{d}i(t)}{\mathrm{d}t}R(t-s)\mathrm{d}s \quad t>0 \tag{3-7}$$

式中:$i(t)$ 为发射电流归一化函数;$R(t-s)$ 为阶跃场瞬变响应函数;$-\mathrm{d}i(t)/\mathrm{d}t$ 为脉冲过渡函数。

做变量替换 $r=t-s$,并联合式(3-3),则式(3-7)改写为

$$R'(t) = \int_{-\infty}^{t} -f'(t)R(r)\mathrm{d}r \quad t>0 \tag{3-8}$$

假设零时刻选在关断的起点,当 $R(r)$ 分别用式(2-44)和式(2-45)代入,$f'(t)$ 分别用式(3-4)~式(3-6)代入时,可获得半正弦、指数及线性关断的全程瞬变电磁场。因直接对式(3-8)进行积分难以实现,采用离散数值积分求解。

3. 关断时间的影响特征分析

实际中,关断时间 t_0 是通过测试仪器记录获得的。为确定其影响范围,考虑式(3-8)的计算过程中,响应场的内核中涉及发射线圈的等效边长 $b=\sqrt{N}a$(N 为匝数,a 为单匝线圈边长的一半)、地质体的电阻率 ρ。因此,采用不同的关断时间、等效边长及电阻率参数进行数值计算与误差分析。非阶跃场 $R'(t)$ 与阶跃场 $R(t)$ 的相对误差定义为

$$相对误差 = \left|\frac{R'(t)-R(t)}{R(t)}\right| \times 100\% \tag{3-9}$$

假设 $I=2\mathrm{A}$,$a=1\mathrm{m}$,接收线圈的等效面积 $S=80\mathrm{m}^2$,取不同的 t_0、n 及 ρ,计算不同关断模式下的全程瞬变电磁场,见图3-6。由图3-6可知,发射电流非阶跃关断与阶跃关断的差异主要表现在早、中延时段:在关断时间以前,差异明显,其中阶跃曲线为对数坐标下直线衰减,而非阶跃曲线表现快速上升,不同关断模式对应的上升形态不同,指数与线性模式较为接近,半正弦上升速度相对快,但起始幅值低;在关断时间后,线性、半正弦和指数关断之间的瞬变电磁场差异较小,衰减特征相似,但与阶跃瞬变电磁场仍有明显的差异。为确定关断时间的影响范围,从图3-6中提取相对误差=5%时对应的时间 t,并与 t_0 做比值处理,其结果作为关断时间的影响范围(表3-1、表3-2)。

由表3-1可知,①线性关断模式:地质体电阻率 ρ 及发射线圈的等效边长 b 基本不改变关断时间的影响范围,关断时间 t_0 的增加会使其影响范围有略微的下降。目前,关断时间 t_0 一般小于 $1000\mu\mathrm{s}$,因此,在线性关断模式下,关断时间的影响范围基本为一定值,取平均值处理,约为自身的16.5倍。②半正弦关断模式:与线性关断模式类似,关断时间的影响范围约为自身的20.6倍。③指数关断模式:做同上处理,关断时间的影响范围约为自身的13.7倍。

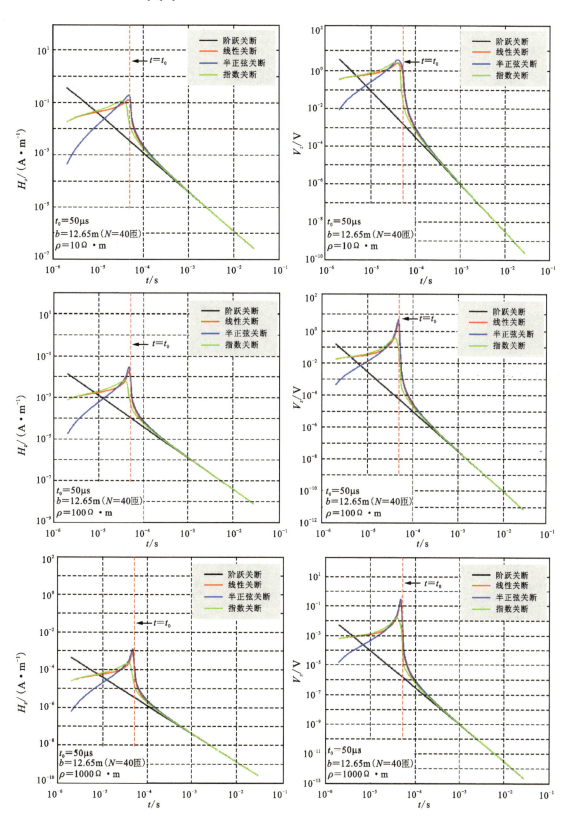

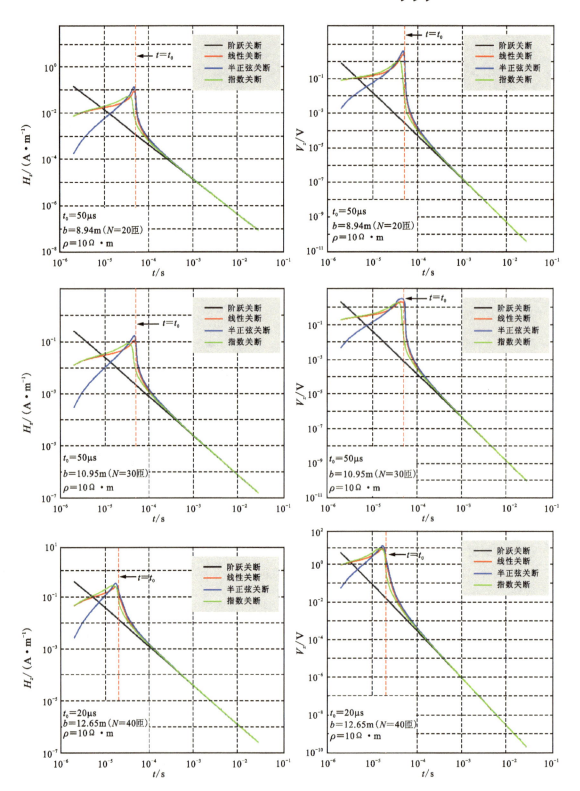

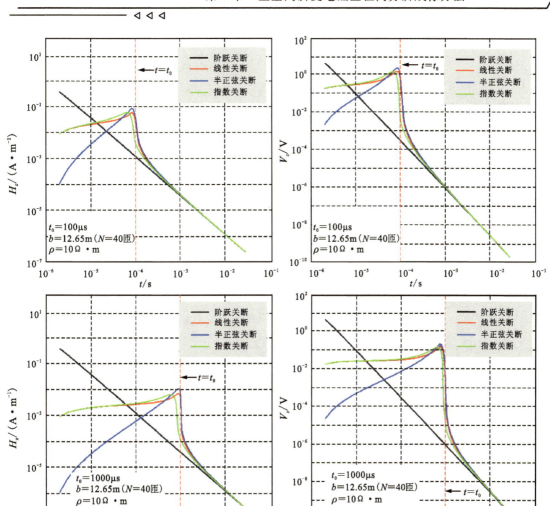

图 3-6 瞬变电磁场的数值计算结果
左.磁场响应；右.感应电动势响应

表 3-1 感应磁场的关断时间影响范围

变化参数		关断时间的影响范围 t/t_0		
		线性关断	半正弦关断	指数关断
电阻率 $\rho/(\Omega \cdot m)$	10	16.606 1	20.700 9	13.710 4
	100	16.605 6	20.685 0	13.707 0
	1000	16.610 3	20.698 6	13.815 3
等效边长 b/m	8.94	16.600 3	20.674 3	13.708 4
	10.95	16.609 5	20.671 7	13.709 1
	12.65	16.606 1	20.700 9	13.710 4

续表 3-1

变化参数		关断时间的影响范围 t/t_0		
		线性关断	半正弦关断	指数关断
关断时间 $t_0/\mu s$	20	17.556 8	21.391 1	14.942 3
	50	16.606 1	20.700 9	13.710 4
	100	16.209 2	20.420 5	13.155 0
	1000	15.680 9	19.545 8	12.916 8

表 3-2 感应电动势的关断时间影响范围

变化参数		关断时间的影响范围 t/t_0		
		线性关断	半正弦关断	指数关断
电阻率 $\rho/(\Omega \cdot m)$	10	27.317 2	34.217 0	22.579 8
	100	27.324 5	34.239 6	22.577 8
	1000	27.317 7	34.248 9	22.582 5
等效边长 b/m	8.94	27.315 5	34.182 3	22.569 5
	10.95	27.312 7	34.185 2	22.532 2
	12.65	27.317 2	34.217 0	22.579 8
关断时间 $t_0/\mu s$	20	29.042 9	35.493 9	24.812 3
	50	27.317 2	34.217 0	22.579 8
	100	26.808 0	33.386 5	21.945 6
	1000	25.834 6	32.296 4	21.274 9

由表 3-2 可知,在改变电阻率、等效边长及关断时间情况下,感应电动势受关断时间的影响与感应磁场类似,但两者的影响范围不同。线性关断模式、半正弦关断模式和指数关断模式下的影响范围分别约为自身的 27.3 倍、34 倍和 22.6 倍。

综合上述分析,在确定半正弦关断条件下,电流关断时间对瞬变电磁场的影响最大,其次为电流线性关断模式,再为电流指数关断模式。另外,关断时间对磁场的影响比对感应电动势的影响约小 10 倍。总之,关断时间对瞬变电磁场早、中延时段的影响较大,采用基于发射电流阶跃关断的全程视电阻率算法势必会产生较大的误差,影响超前探测中、浅部含水异常体的分辨能力,必须对其予以消除。

3.2.3 线性关断模式下的瞬变电磁场解析公式推导

图 3-7 中给出了瞬变电磁仪器实测的发射电流关断曲线。由图 3-7 可知,发射电流从幅值(约 4.14A)下降至 0A 经过了约 $82\mu s$,且在关断过程中,电流衰减特征相对复杂,如可

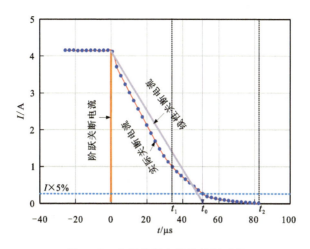

图 3-7　实际发射电流的关断过程

近似认为在 0s 至 t_1 时刻,电流为线性衰减,在 t_1 至 t_2 时间段呈指数衰减,这与理想的电流阶跃关断差别大。经大量分析认为,实际发射电流的关断过程可以采用线性电流关断代替,即近似认为电流从幅值始终保持线性衰减至 0A,其关断时间 t_0 为发射电流衰减至幅值 I 的 5% 所对应的时刻。由此,可推导线性关断模式下全程视电阻率算法,以提高实测瞬变电磁场数据的视电阻率解析精度。

为了便于推导,将式(2-34)和式(2-35)改写为

$$h_z^R(t)=\frac{\sqrt{\pi}NI}{4a}\left[\varphi(u)-\frac{2}{\sqrt{\pi}}ue^{-u^2}\right] \tag{3-10}$$

$$\varepsilon_z^R(t)=\frac{\pi NIS\rho}{2a^3}u^5 e^{-u^2} \tag{3-11}$$

式中：$u=\theta r=\sqrt{\mu_0 a^2/(\pi\rho t)}$；$\varphi(u)=\frac{2}{\sqrt{\pi}}\int_0^{\theta r}e^{-x^2}dx$。

线性关断模式下,依据式(3-8)推导出

感应段($0<t\leqslant t_0$)：

$$R'(t)=\frac{1}{t_0}\int_0^t R(r)dr \tag{3-12}$$

衰减段($t>t_0$)：

$$R'(t)=\frac{1}{t_0}\int_{t-t_0}^t R(r)dr \tag{3-13}$$

因此,把式(3-10)分别代入式(3-12)和式(3-13)即可推导出感应磁场的全程响应。详细推导过程如下：

$$\int h(r)dr=\frac{\sqrt{\pi}NI}{4a}\int\left[\varphi(u)-\frac{2}{\sqrt{\pi}}ue^{-u^2}\right]dt \tag{3-14}$$

由 u 与 t 的关系,可以推出

$$dt=\frac{2\mu_0 a^2 u^{-3}}{\pi\rho}du \tag{3-15}$$

将式(3-15)代入式(3-14)并化简得

$$\int h(r)\mathrm{d}r = -\frac{\mu_0 NIa}{2\sqrt{\pi}\rho}\int\left[\varphi(u)u^{-3} - \frac{2}{\sqrt{\pi}}u^{-2}\mathrm{e}^{-u^2}\right]\mathrm{d}u \tag{3-16}$$

令 $l_1(u) = \int \varphi(u)u^{-3}\mathrm{d}u$，$l_2(u) = \int \frac{2}{\sqrt{\pi}}u^{-2}\mathrm{e}^{-u^2}\mathrm{d}u$，分别推导有

$$l_1(u) = \frac{1}{\sqrt{\pi}}\int u^{-2}\mathrm{e}^{-u^2}\mathrm{d}u - \frac{1}{2}\varphi(u)u^{-2} \tag{3-17}$$

$$l_2(u) = -\frac{2}{\sqrt{\pi}}\frac{\mathrm{e}^{-u^2}}{u} - 2\varphi(u) \tag{3-18}$$

联合式(3-16)、式(3-17)和式(3-18)，可以推导出

$$\int h(r)\mathrm{d}r = \frac{\sqrt{\pi}NIt}{4a}\left[(1-2u^2)\varphi(u) - \frac{2}{\sqrt{\pi}}u\mathrm{e}^{-u^2}\right] \tag{3-19}$$

令 $F(t) = \frac{1}{t_0}\int h(r)\mathrm{d}r$，则当 $t \to 0$ 时，$u \to \infty$，$\varphi(u) \approx 1$，依据罗比达法则，可以推导出 $\lim_{u \to \infty} u\mathrm{e}^{-u^2} = 0$，代入式(3-19)有

$$F(0) = -\frac{\sqrt{\pi}NIt}{4at_0}(2u^2) \tag{3-20}$$

因此，把式(3-19)和式(3-20)代入式(3-12)，可获得感应段($0 < t \leq t_0$)磁场表达式为

$$h_1(t) = \frac{\sqrt{\pi}NIt}{4at_0}\left[2u^2 + (1-2u^2)\varphi(u) - \frac{2}{\sqrt{\pi}}u\mathrm{e}^{-u^2}\right] \tag{3-21}$$

把式(3-19)代入式(3-13)并化简，可获得衰减段($t > t_0$)磁场表达式为

$$h_2(t) = \frac{\sqrt{\pi}NIt}{4at_0}(1-2u^2)\varphi(u) - \frac{NIt}{2at_0}u\mathrm{e}^{-u^2} + \frac{\sqrt{\pi}NI}{4a}\left(1 + \frac{2t}{t_0}u^2 - \frac{t}{t_0}\right)\varphi(u/\sqrt{1-t_0/t}) +$$

$$\frac{NI}{2a}\frac{1}{\sqrt{1-t_0/t}}\left(\frac{t}{t_0}-1\right)u\mathrm{e}^{-u^2/(1-t_0/t)} \tag{3-22}$$

把式(3-11)分别代入式(3-12)和式(3-13)即可推导出感应电动势的全程响应。由于其推导过程与磁场的推导过程相似，此处直接给出全程感应电动势，其感应段($0 < t \leq t_0$)的感应电动势表达式为

$$\varepsilon_1(t) = \frac{\sqrt{\pi}\mu_0 NIS}{4at_0}\left[2u\mathrm{e}^{-u^2}/\sqrt{\pi} - \varphi(u) + 1\right] \tag{3-23}$$

衰减段($t > t_0$)的感应电动势表达式为

$$\varepsilon_2(t) = \frac{\mu_0 NIS}{2at_0}\left[u\mathrm{e}^{-u^2} - \frac{\sqrt{\pi}}{2}\varphi(u)\right] + \frac{\mu_0 NIS}{2at_0}\left[\frac{\sqrt{\pi}}{2}\varphi\left(\frac{u}{\sqrt{1-t_0/t}}\right) - \frac{u\mathrm{e}^{-u^2/(1-t_0/t)}}{\sqrt{1-t_0/t}}\right] \tag{3-24}$$

3.2.4 传统视电阻率算法

视电阻率是坑道瞬变电磁探测结果解释的主要参数。目前，视电阻率主要有两种算法，一种是晚期视电阻率算法，另一种则是全区视电阻率算法。

1. 晚期视电阻率算法

它是全区视电阻率中的一种极限处理方式,把 $r=2a/\sqrt{\pi}$ 代入式(2-48)和式(2-49)可以推导出

$$\rho_s^h = \frac{\mu}{\pi}\left(\frac{NIa^2}{3}\frac{1}{h_z^C(t)}\right)^{2/3}\frac{1}{t} \tag{3-25}$$

$$\rho_s^\varepsilon = \frac{\mu}{\pi}\left(\frac{\mu NIS_R a^2}{2}\frac{1}{\varepsilon_z^C(t)}\right)^{2/3}\left(\frac{1}{t}\right)^{5/3} \tag{3-26}$$

式(3-25)和式(3-26)分别是全空间瞬变电磁磁场和感应电动势的晚期视电阻率计算公式。同样,半空间条件下的晚期视电阻率表达式为

$$\rho_s^H = \frac{\mu}{\pi}\left(\frac{2NIa^2}{15}\frac{1}{h_z^C(t)}\right)^{2/3}\frac{1}{t} \tag{3-27}$$

$$\rho_s^V = \frac{\mu}{\pi}\left(\frac{\mu NIS_R a^2}{5}\frac{1}{\varepsilon_z^C(t)}\right)^{2/3}\left(\frac{1}{t}\right)^{5/3} \tag{3-28}$$

分别比较式(3-25)和式(3-27)、式(3-26)和式(3-28),不难发现,不论是磁场还是感应电动势,全空间视电阻率都是半空间电阻率的 $(2.5)^{2/3}$(约 1.842)倍。

实际测量值为感应电动势,故一般采用式(3-28)计算视电阻率值,而实际应用中通常把式(3-28)写成另一种形式:

$$\rho_s = G(\rho) \times 6.32 \times 10^{-12} \times (S_T)^{2/3} \times (S_R)^{2/3} \times [\varepsilon_z^C(t)/I]^{-2/3} \times t^{-5/3} \tag{3-29}$$

式中:$S_T = 4Na^2$,为发射线圈的等效面积;$G(\rho)$ 为全空间视电阻率系数,理论上该值取 1.842,但实际上往往依据地层条件选取,为一经验参数,除去此系数,剩余表达式便是半空间晚期视电阻率算法。

2. 全区视电阻率算法

晚期视电阻率算法仅对晚延时的瞬变电磁场数据计算有效,是一种近似情况。而为获得整个观测时间窗口范围内的地电信息,采用全区视电阻率(ρ_{all})算法是必要的。由前文可得

$$\rho_{all} = \frac{\mu}{4t\theta^2} \tag{3-30}$$

显然,要求出 ρ_{all},需先求出 θ,而 θ 可以选择基于磁场表达式(2-34)和基于感应电动势表达式(2-35)两种途径求出。现有的研究给出了平移算法、逆样条插值算法和二分搜索算法等求解方法,实际应用中可任意选择。

从图 3-8 可见,在时间域中,$\varepsilon_z^C(t)$(EMF)与 θ 存在无解、双解和唯一解等多种情况,对获得可靠视电阻率值具有一定的难度,而磁场 $h_z^C(t)$ 始终是 θ 的单调函数,只有唯一解,因此选择磁场计算获得的 ρ_{all} 更为可靠。但不便的是,需将 $\varepsilon_z^C(t)$ 转换为 $h_z^C(t)$,其转换方法已有研究报道。因此,计算全区视电阻率时,可以选择基于磁场的视电阻率算法,其结果相对可靠。

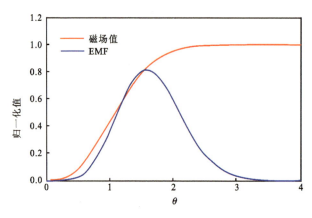

图 3-8　瞬变磁场和感应电动势的归一化曲线

3.2.5　全程视电阻率与核函数的对应关系

由于实际探测中发射电流非阶跃关断,因此需进一步探讨非阶跃关断情况下的全程视电阻率与非阶跃场源激发下瞬变电磁场响应函数之间的关系。定义 $l_h^{in}(u)$ 和 $l_h^{at}(u)$ 分别为线性关断模式下瞬变磁场感应段和衰减段的归一化函数,$f_\varepsilon^{in}(u)$ 和 $f_\varepsilon^{at}(u)$ 分别为线性关断模式下感应电动势感应段和衰减段的归一化函数,具体为

$$\begin{cases} l_h^{in}(u)=2a/(NI)h_1(t) \\ l_h^{at}(u)=2a/(NI)h_2(t) \end{cases} \quad (3-31)$$

$$\begin{cases} f_\varepsilon^{in}(u)=2L/(\mu_0 NIS)\varepsilon_1(t) \\ f_\varepsilon^{at}(u)=2L/(\mu_0 NIS)\varepsilon_2(t) \end{cases} \quad (3-32)$$

图 3-9 为 $l_h^{in}(u)$ 和 $l_h^{at}(u)$ 与 u 的关系曲线。由图可见,$l_h^{in}(u)$ 和 $l_h^{at}(u)$ 均与 u 之间始终有唯一对应关系,根据 u 与 ρ 的函数关系,推导出 $l_h^{in}(u)$ 和 $l_h^{at}(u)$ 与 ρ 也有唯一对应关系。上述分析表明,全程瞬变磁场与 ρ 具有唯一对应关系。

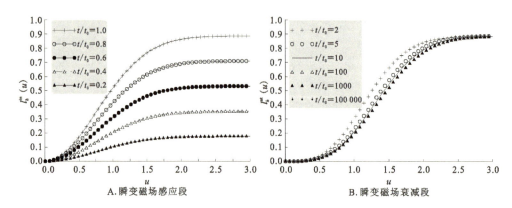

图 3-9　$h_z(t)$ 与 u 的关系曲线

图 3-10 为 $f_\varepsilon^{in}(u)$ 和 $f_\varepsilon^{at}(u)$ 与 u 的关系曲线。由图可见，$f_\varepsilon^{in}(u)$ 为 u 的单调函数，两者具有唯一对应关系。$f_\varepsilon^{at}(u)$ 是 u 的分段单调函数，存在 3 种情况：当 $f_\varepsilon^{at}(u)$ 处于曲线转折点时，$f_\varepsilon^{at}(u)$ 与 u 具有唯一对应关系；当 $f_\varepsilon^{at}(u)$ 大于曲线转折点数值时，$f_\varepsilon^{at}(u)$ 与 u 无对应关系；当 $f_\varepsilon^{at}(u)$ 小于转折点数值时，$f_\varepsilon^{at}(u)$ 对应有两个 u 值。因此，全程感应电动势与 ρ 的对应关系具有不确定性，存在多种对应关系。

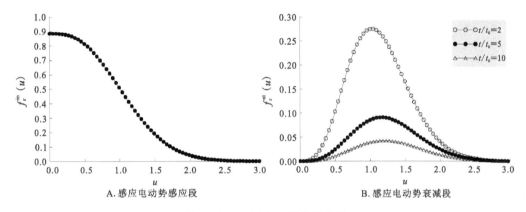

图 3-10 $\varepsilon_z(t)$ 与 u 的关系曲线

3.2.6 全程视电阻率的求解与验证

1. 全程视电阻率计算

为获得准确的视电阻率值，从视电阻率与瞬变电磁场的对应关系分析，确定选择磁场计算全程视电阻率值更为可靠。由 u 的关系式可以推导出全空间发射电流线性关断模式下的感应段视电阻率的计算公式为

$$\rho_s = \mu a^2 / (\pi t u^2) \tag{3-33}$$

但坑道内实际观测的是感应电动势，在应用磁场计算视电阻率之前，需将感应电动势转换成磁场：

$$h(t) = \frac{1}{SN\mu_0} \int_{t_s}^{t_e} \varepsilon(t) \mathrm{d}t + h(t_e) \tag{3-34}$$

式中：t_s 为起始采样时间；t_e 为结束采样时间；$h(t_e)$ 为 t_e 时刻的磁场，采用高精度的梯形预估计校正法获得；其他各参数意义同前。

式(3-16)是 u 的非线性方程，采用二分搜索算法求解，其具体计算流程见图 3-11。对于任意观测窗口 t_i，先给定 u 的搜索区间(此处设为[0,10])，然后不断用搜索区间的一半循环计算理论磁场 $H(t_i)$，并计算其与全程实测磁场 $h(t_i)$ 的差，其中当 $t_i \leqslant t_0$ 时，理论磁场应用式(3-16)计算，否则将报错，以此不断地缩小区间范围直至逼近给定精度条件 δ，此时 u 值区间可视为一定值，该值即为所求 u，然后代入式(3-33)，便可求得全程视电阻率。

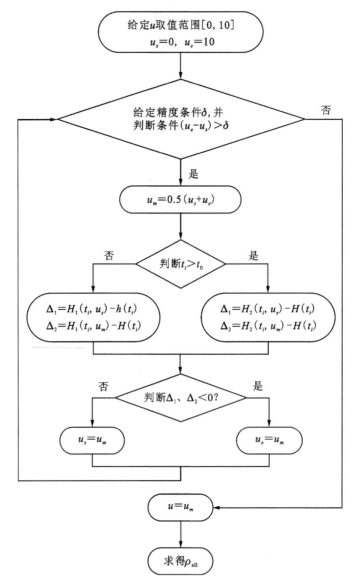

图 3-11 全程视电阻率求解流程

为验证二分搜索算法的计算精度,取 $N=10$ 匝,$I=10A$,$a=1m$,均匀全空间介质电阻率 $\rho=100\Omega \cdot m$,以电流关断起点为采样零时刻,选择关断时间为 $t_0=100\mu s$ 代入式(3-33),计算瞬变电磁全程随时间延迟的响应数据,然后将理论数据按图 3-11 流程求得 u,进一步求得全程视电阻率 ρ_{all}。

图 3-12 即为运算精度结果。由图可见,理论数据的全程视电阻率计算值与给定模型电阻率值 $100\Omega \cdot m$ 非常接近,其最大误差不超过 0.005%,在晚延时段,计算值有轻微振荡,但其最大误差不超过 0.08%,表明二分搜索算法求解精度可靠。

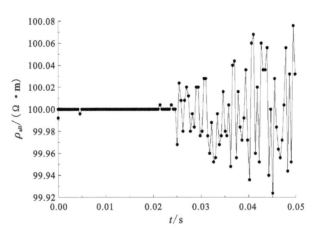

图 3-12　理论数据全程视电阻率计算值

2. 理论数据分析

图 3-13 中给出了两条具有不同关断时间的实测电流关断曲线,并以电流下降至幅值 5% 对应的时刻为线性关断时间,因此,判定电流关断曲线 1 对应的关断时间为 $67\mu s$,关断曲线 2 对应的关断时间为 $143\mu s$。数值模拟时,假设发射线圈边长 2m,匝数为 10 匝,线圈中心点的时间记录序列分布在 50ms 以内,并且设置电流关断曲线 1 对应的全空间均匀介质的模型电阻率为 $10\Omega \cdot m$,曲线 2 对应的全空间均匀模型电阻率为 $30\Omega \cdot m$。

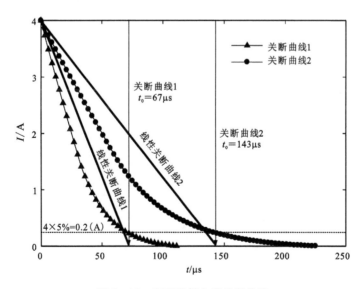

图 3-13　实测发射电流关断曲线

图 3-14 即为依据实测电流数值模拟所得的瞬变磁场随时间延迟的衰减曲线。因模型电阻率和关断时间的差异,两种电流关断下的瞬变磁场在响应幅值及衰减特征上有明显的不同。该图中因早、晚延时瞬变磁场的动态范围大,早、晚延时段两者之间的差异受到压制。

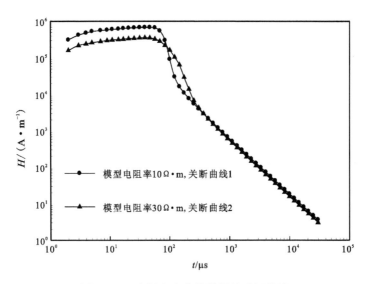

图 3-14 实际电流数值模拟的磁场曲线

图 3-15 为上述数值模拟曲线的线性关断模式下全程视电阻率与常规的阶跃关断模式下全程视电阻率对比结果图。从图中可见,在不同关断时间和模型电阻率条件下,线性关断模式下的全程视电阻率值始终逼近模型电阻率,其中,在关断时间前后(可以相对称为瞬变电磁场的早、中延时段),全程视电阻率值与模型电阻率会有较小的差异;在晚延时段,全程视电阻率与模型电阻率之间几乎一致。而阶跃全程视电阻率仅在晚延时段与模型电阻率一致,在瞬变电磁场早、中延时段,两者之间有明显的误差。因此,理论数据分析结果表明考虑关断时间的全程视电阻率计算方法具有更高的视电阻率解析精度。

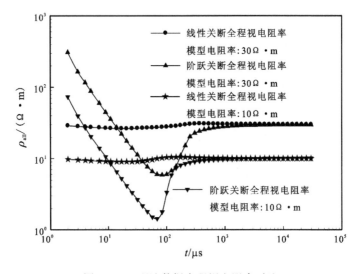

图 3-15 理论数据全程视电阻率对比

3.3 视电阻率扩散叠加成像方法

与其他电法勘探技术相似,瞬变电磁方法也受到体积效应的影响而导致探测异常区偏大,对钻探验证目标确定带来一定的影响。为进一步提高坑道瞬变电磁超前探测的分辨能力,结合地震勘探偏移叠加思想,基于扇型超前观测系统,根据瞬变电磁场的烟圈扩散理论,对全程计算视电阻率进行烟圈简化反演,依据各观测点的测试角度差异,推导视电阻率的扩散叠加算法,获得其分布特征,力求进一步增强对探测前方含水体的空间判定能力。

3.3.1 烟圈简化反演

烟圈理论认为在均匀条件下,地下电流环的等效电流 $i(t)$、半径 $R(t)$ 及深度 $Z(t)$ 分别为

$$\begin{cases} i(t) = \dfrac{NIS\mu_0}{4\pi C_2 \rho t} \\ R(t) = r_0 + \sqrt{8C_2}\sqrt{\rho t/\mu_0} \\ Z(t) = \dfrac{4}{\sqrt{\pi}}\sqrt{\rho t/\mu_0} \end{cases} \quad (3-35)$$

式中:N 为发射线圈匝数,单位为匝;I 为发射电流,单位为 A;r_0 为线圈半径,单位为 m;$C_2 = 8/\pi - 2 = 0.546\,479$;$\mu_0 = 4\pi \times 10^{-7}$;$\rho$ 为真空磁导率,单位为 T·m/A。由此可得,扩散角 $2\theta = 2 \times \cot[R(t)/Z(t)] \approx 94°$。

从式(3-35)可推导出垂向扩散速度的计算公式为

$$V_z(t) = \frac{\mathrm{d}Z(t)}{\mathrm{d}t} = \sqrt{\frac{4\rho}{\pi\mu_0 t}} \quad (3-36)$$

又

$$V_z(t_i) = \frac{\Delta Z(t_i)}{\Delta t_i} = \frac{Z(t_i) - Z(t_{i-1})}{t_i - t_{i-1}} = \frac{4}{\mu_0 \sqrt{\pi}}\left(\frac{\sqrt{\rho_i t_i} - \sqrt{\rho_{i-1} t_{i-1}}}{t_t - t_{i-1}}\right) \quad (3-37)$$

将式(3-36)代入式(3-37),并赋以全空间电阻率系数 $G(\rho)$,整理得

$$\rho_r = 4G(\rho) \cdot \left(\frac{\sqrt{\rho_i t_i} - \sqrt{\rho_{i-1} t_{i-1}}}{t_t - t_{i-1}}\right)^2 t_{i(i-1)} \quad (3-38)$$

式中:ρ_i、ρ_{i-1} 为全程视电阻率值;t_i 和 t_{i-1} 为相邻观测时间;$t_{i(i-1)}$ 为 t_i 和 t_{i-1} 的几何平均值;ρ_r 为烟圈简化反演电阻率。

3.3.2 视电阻率扩散叠加表达式的导出

根据烟圈电阻率简化反演思想,ρ_r 提高了地质体的纵向分辨能力。对于横向分辨率,引用地震数据叠加处理思想,获得视电阻率在烟圈扩散范围内的叠加值,以此加以改善。

图 3-16 为电磁场烟圈超前扩散示意图。Nabighian 指出,电流环在线圈中心引起的磁

场为整个环带各个涡流层的总效应。ρ_r 等效为两个烟圈之间地质体的导电性。若以图 3-16 中 t_3 时刻为例，ρ_r 近似为该时刻烟圈内等效电阻率值。因烟圈是向前向外扩散，故 ρ_r 主要受中心处地质体的导电能力主导，向其边缘扩展，这种主导能力逐渐减弱，这与从激励场看感应场的分布特征一致。

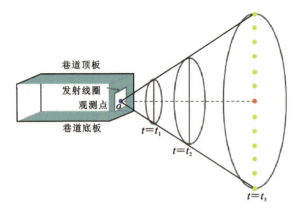

图 3-16 烟圈超前扩散示意图

实际在利用扇型观测系统超前探测时，测点之间因探测角度的差异，在探测前方必然形成烟圈交会，但受地质体导电性的非均匀性影响，烟圈在各方向的扩散速度、相同时刻的扩散深度及扩散半径不等。如图 3-17 所示，假如有 9 个测点，对探测前方进行网格剖分，则有测点 5～测点 8 的 t_5～t_8 时刻烟圈在单元 k 中交会，相应的 $\rho_r^5(t_5)$～$\rho_r^9(t_8)$ 均与该网格地质体的导电性相关。

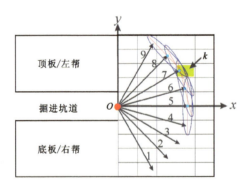

1～9. 测点；k. 单元。

图 3-17 不同测点的电流环交会示意图

由此可见，若在单元网格内有 U 个测点的烟圈形成交会，则单元内的视电阻率扩散叠加值可以表达为

$$\bar{\rho}_M(k) = \sum_{j=1}^{U} \alpha_j(t_i)\rho_r^j(t_i) / \sum_{j=1}^{U} \alpha_j(t_i) \tag{3-39}$$

式中：$\bar{\rho}_M(k)$ 为单元 k 的视电阻率扩散叠加值；U 为交汇点数；$\rho_r^j(t_i)$ 为测点 j 在 t_i 时刻计算的烟圈简化反演电阻率值；$\alpha_j(t_i)$ 为对应 $\rho_r^j(t_i)$ 的权值。

3.3.3 非均匀条件下扩散深度计算

从式(3-35)可推导出烟圈横向扩散速度：

$$v_R(t) = \frac{dR(t)}{dt} = \sqrt{\frac{2C_2 \rho}{\mu_0 t}} \tag{3-40}$$

对于非均匀条件下，联合式(3-36)和式(3-39)，当 t 从 t_i 延迟到 t_{i+1} 时，烟圈半径和深度分别增大：

$$\begin{cases} \Delta R(t_{i+1}) = \int_{t_i}^{t_{i+1}} v_R(t) dt = \sqrt{\frac{8 C_2 \rho_{(i+1)}}{\mu_0}} (\sqrt{t_{i+1}} - \sqrt{t_i}) \\ \Delta Z(t_{i+1}) = \int_{t_i}^{t_{i+1}} v_z(t) dt = \sqrt{\frac{16 \rho_{(i+1)}}{\pi \mu_0}} (\sqrt{t_{i+1}} - \sqrt{t_i}) \end{cases} \tag{3-41}$$

在 t_{i+1} 时刻，同时考虑全空间深度系数 $G(d)$，有

$$\begin{cases} R(t_{i+1}) = R(t_i) + G(d) \Delta R(t_{i+1}) \\ Z(t_{i+1}) = Z(t_i) + G(d) \Delta Z(t_{i+1}) \end{cases} \tag{3-42}$$

当 $t \to 0$ 时，从式(3-15)可推导得出 $R(t \to 0) = r_0$；将 ρ_r 代替式(3-41)、式(3-42)中的 ρ 参与计算，可递推求出全部观测窗口的扩散半径 $R(t)$ 及深度 $Z(t)$。

如图3-18所示，假设某测点的探测角度为 β，则有扩散角度的一半 $\theta = 47°$ 且 $\tan\theta = R(t)/Z(t)$，可以写出 $O_1(x_1, y_1)$ 和 $O_3(x_3, y_3)$ 点坐标分别为

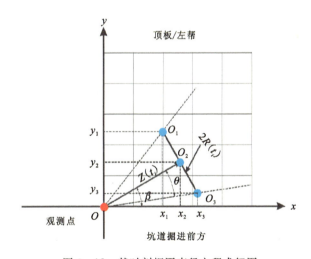

图3-18 某时刻烟圈直径方程求解图

$$\begin{cases} x_1 = \sqrt{Z^2(t_i) + R^2(t_i)} \cdot \cos(\beta + \theta) \\ y_1 = \sqrt{Z^2(t_i) + R^2(t_i)} \cdot \sin(\beta + \theta) \\ x_3 = \sqrt{Z^2(t_i) + R^2(t_i)} \cdot \cos(\beta - \theta) \\ y_3 = \sqrt{Z^2(t_i) + R^2(t_i)} \cdot \sin(\beta - \theta) \end{cases} \tag{3-43}$$

因此,该时刻烟圈直径的直线方程可以通过任意两点给出,以点 $O_1(x_1,y_1)$ 和点 $O_3(x_3,y_3)$ 为例写为

$$y = \frac{y_3 - y_1}{x_3 - x_1}(x - x_1) + y_1 \quad (3-44)$$

且 x 和 y 分别在 x_1 和 x_3、y_1 和 y_3 之间变化。

至此,可以求出所有测点在不同时刻与空间网格的交会点数 U、网格单元中心 (x_k, y_k) 至任意烟圈中心的偏移距离:

$$D_k = \sqrt{(x_k - x_2)^2 + (y_k - y_2)^2}$$

3.3.4 权值 α 的计算

假设某一测点 t_i 时刻烟圈对单元 k 的权值为

$$\alpha_k = h_k(t_i)/h_0(t_i) \quad (3-45)$$

式中:$h_k(t_i)$ 为该测点 t_i 时刻烟圈在单元 k 中心处产生的磁场;$h_0(t_i)$ 为与 $h_k(t_i)$ 同时刻烟圈中心处磁场。

任意 t_i 时刻的烟圈可被看为新的发射线圈,其直径上的电磁场垂直分量为

$$h_k(t_i) = \frac{I'S'}{2\pi}\left[\frac{1}{(D_k^2 + r'^2)^{3/2}} - \frac{3D_k^2}{2(D_k^2 + r'^2)^{5/2}}\right] \quad (3-46)$$

式中:$I' = i(t_i)$;$S' = \pi R^2(t_i)$;$r' = R(t_i)$。

当 $D_k = 0$ 时,即 $h_0(t_i) = I'S'/(2\pi r'^3)$,对式(3-45)重新整理,得

$$\alpha_k = R^3(t_i)\left\{\frac{1}{[D_k^2 + R^2(t_i)]^{3/2}} - \frac{3D_k^2}{2[D_k^2 + R^2(t_i)]^{5/2}}\right\} \quad (3-47)$$

图 3-19 给出了不同扩散半径 $R(t)$ 时,α 随 D_k 变化的关系。从图中可见,以 $D_k = 0$ 为中心,随 D_k 的增加或减小,α 逐渐下降,并且当 $R(t)$ 越大(即烟圈扩散越远时),α 随 D_k 的增大下降速度减缓。这种关系与激励场的分布特征及烟圈的扩散理论一致,说明 α 取值合理。

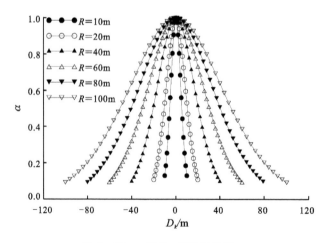

图 3-19 α 与 D_k 的改变关系

至此,根据视电阻率扩散叠加表达式,通过对扩散半径 $R(t)$、深度 $Z(t)$ 以及权值 α 的计算,可以求解所有相关网格单元的视电阻率扩散叠加值。为使该方法的解释效果更为可靠,实际处理时,只需对交会点数 $U \geqslant 2$ 个的网格进行计算;反之,网格不赋值,其值采用空间数据插值获得。

3.4 物理模型试验

为了验证所提出的坑道全空间瞬变电磁场解释方法的准确性,本书开展了物理相似模拟试验进行验证。

3.4.1 相似模拟准则

瞬变电磁场在大地中主要以扩散的形式进行传播,位移电流可忽略,假设实际异常体电导率为 σ_n,室内模拟异常体为 σ_m,取大地介质磁导率为真空磁导率 μ_0,室内和现场的瞬变电磁场观测时间相同,则要保持室内和现场得到相同的瞬变电磁场,必须满足如下方程:

$$\begin{cases} \nabla_n^2 H - \sigma_n \mu_0 \partial H/\partial t = 0 & (3-48) \\ \nabla_m^2 H - \sigma_m \mu_0 \partial H/\partial t = 0 & (3-49) \end{cases}$$

如果模型实验系统的尺寸与实际的比例关系为 $1/l$,即 $x_n = x_m l, y_n = y_m l, z_m = z_m l$,由此可得

$$\mathrm{d}x_m = \mathrm{d}x_n/l, \mathrm{d}y_m = \mathrm{d}y_n/l, \mathrm{d}z_m = \mathrm{d}z_n/l$$

代入式(3-48),得

$$\nabla_n^2 H - \frac{\sigma_m \mu}{l^2} \frac{\partial H}{\partial t} = 0 \qquad (3-50)$$

将式(3-50)与式(3-48)比较,得

$$\frac{\sigma_m}{\sigma_n} = l^2 \qquad (3-51)$$

式(3-51)即为物理模拟的相似准则。由此可见,模拟实验首先要考虑线性比例,室内小尺寸的模型需要有足够高的电导率。比如设 $l=20$,则瞬变电磁场模拟的围岩电导率、异常模型电导率应提高到实际的 400 倍,实验采用的线圈边长需为实际的 1/20,如此室内模拟的响应特征与实际条件下的响应特征方可一致。

3.4.2 实验平台、装置及观测参数

1. 坑道全空间模型的构建

模型实验选择在有机玻璃水槽内完成,水槽尺寸为长 200cm、宽 140cm、高 80cm(图 3-20)。向玻璃槽内注水,当水位至玻璃槽顶部 10cm 时停止,即以长 200cm×宽 140cm×高 70cm 为本实验模拟空间,以水为介质模拟坑道围岩介质。为尽可能满足实验相似准则,向水槽内加

图 3-20 坑道瞬变电磁超前探测实验模拟平台

盐 50kg，增加围岩电导率，经直流电法四极小极距测量，盐水的电阻率为 1.8Ω·m。掘进坑道使用一端封闭的柱状有机玻璃槽制作而成，取比例系数 l 为 20，按宽 4m×高 4m 的实际坑道尺寸的相似比例确定模型坑道的长×宽×高为 65cm×20cm×20cm。将模型坑道固定在水槽一面，且使坑道中心轴线距离水槽底板和右侧分别为 35cm 和 70cm，其前方封闭一面即为坑道掘进工作面，其上、下、左和右方即为坑道的顶板、底板、左帮和右帮。

2. 采集设备及参数

采用改进的 YCS256 型矿用本安型瞬变电磁仪，并应用中心线圈装置。其中，设计发射线圈边长 10cm，匝数为 20 匝，采用横截面面积为 0.15mm² 规格的漆包线制成；接收线圈边长 5cm，匝数为 40 匝，采用横截面面积为 0.01mm² 规格的漆包线制成，如图 3-21 所示。装置固定条件下，发射电流 4.5A，按电流幅值衰减至 5% 的时间确定该装置的关断时间为 53μs。

图 3-21 瞬变电磁发射与接收线圈

通过对实验系统进行数据采集比较,确定 6.25Hz 作为数据采集频率,观测总时间窗口数设为 256 测道,实验中分析数据时可根据需要从中选择部分时间窗口进行对比与计算分析。

3.4.3 坑道掘进工作面前方铝板模型实验

1. 异常体布置

在模拟坑道掌子面前方 L 处放置一块铝板(异常体)。铝板长×宽约为 $45cm \times 45cm$,厚度为 4mm,以此来模拟实际坑道掘进工作面前方存在的含导水断层模型。在该实验中,以水代替围岩,相对铝板,呈高电阻率表现,因此,该模型符合 H 型地电特征。实验具体布置如图 3-22 所示。

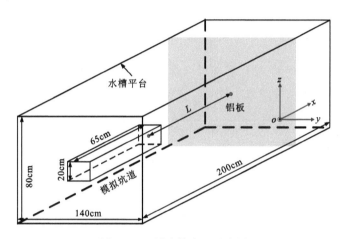

图 3-22 异常体布置示意图

2. 数据采集

数据采集时,使装置线圈紧贴在工作面上,线圈与工作面中心共线,将铝板分别放置于模拟坑道掌子面前方 20cm 和 30cm 处,分别采集铝板的感应电动势数据。从 256 个观测时间窗口中选择 40 个测道,起始时间窗口为 $216\mu s$,最后观测时间窗口为 $37920\mu s$,中间各观测窗口基本呈对数等间隔分布。提取后的感应电动势衰减曲线如图 3-23 所示。

3. 数据处理与分析

将测试数据进行全程视电阻率解析,并计算阶跃全程视电阻率值与其对比。因仪器记录电流关断时间小于起始记录窗口时间,故感应电动势数据一直处于瞬变电磁场的衰减段,其视电阻率计算选择衰减段公式求解。

从图 3-24 可见,在忽略曲线尾部因瞬变电磁场波动影响的曲线形态变化外,考虑关断时间的视电阻率曲线表现出明显的 H 型地电模型特征,而基于发射电流阶跃关断的瞬变电磁场解析求得的视电阻率曲线则表现出 G 型地电模型特征。显然,前者与实验地电模型更为符合,对低阻异常有凸显作用。当 $L = 30cm$ 时,对异常体的凸显能力不及 $L = 20cm$ 时明

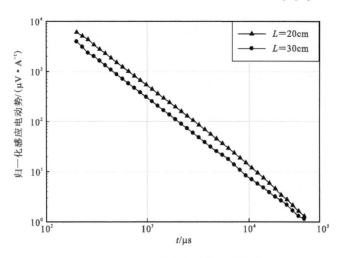

图 3-23　实测感应电动势衰减曲线

显,进一步表明关断时间对中、浅层低阻异常体的分辨率影响大,这与理论数据分析结果一致。因此,该实验结果表明考虑关断时间的全程视电阻率算法更具优越性。

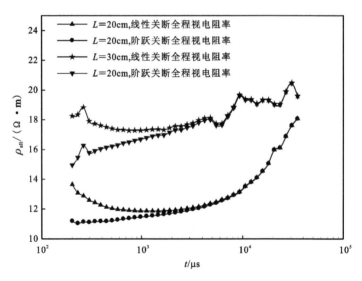

图 3-24　全程视电阻率曲线对比

3.4.4　坑道掘进工作面前方铜球模型实验

1. 异常体模型与数据采集

选择直径为 10cm 的铜球,代替实际坑道掘进中常见的岩溶富水构造。数据采集时,将装置线圈沿坑道左帮、顺层至右帮呈扇型扫描方式观测,共布置 17 个测点,坑道掘进工作面正前方测点为测点 9,测点 1～测点 8 的探测角(偏离中心角度)为 $-80°\sim-10°$,测点 10～测点 17 的探测角为 10°～80°,每 2 个测点之间隔 10°。分别将铜球中心布置在坑道掘进工作面正前方(0cm,40cm,0cm)和(15cm,35cm,0cm)两个位置进行观测,同样从中提取 40 个测道进行分析,起始窗口为 216μs,结束记录窗口为 37 920μs,中间测道呈对数间隔分布(图 3-25)。

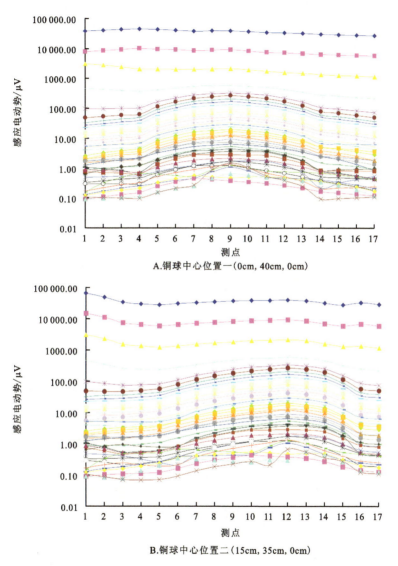

图 3-25 实测感应电动势剖面(测道已轻微平滑)

2. 数据处理与分析

从图 3-25A 可见,铜球响应相对明显的角度范围为 −50°～50°(即测点 4 至测点 14),越靠近中心,响应越高;图 3-25B 中铜球响应相对明显的角度范围为 −30°～60°(即测点 6 至测点 15),其中 10°～40°范围响应高。

图 3-26 为全程视电阻率扩散叠加前、后的拟断面成像图。为便于比较,采用相同的

色标。从图3-26可见,若以小于12Ω·m来划分低阻异常区,图3-26A、B中低电阻率区域相对铜球的范围较大,而图3-26C、D对铜球的反应相对收敛;当铜球位于(0cm,40cm,0cm)时,图3-26A、C中异常区面积比约为2.8;当铜球位于(15cm,35cm,0cm)时,图3-26B、D中异常区面积比约为2.33。由此可见,全程视电阻率值经过扩散叠加处理后对铜球的响应进一步收敛,其空间判定能力增强。本实验中因铜球的响应时间长,对其后边界的判定略有不足。总体而言,采用视电阻率扩散叠加解释方法可提高坑道掘进工作面前方异常体的空间判定能力。

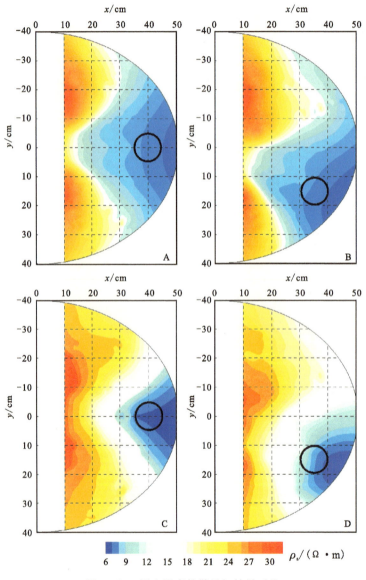

图3-26 视电阻率扩散叠加结果对比
A,B.叠加前;C,D.叠加后

第4章 高精度矿用瞬变电磁装备研发

4.1 瞬变电磁硬件开发

瞬变电磁数据采集系统是井下坑道掘进超前探水成败的关键。国内现有采集系统存在的主要问题是因数据采集抗干扰能力差、仪器发射电流关断时间过长、重叠线圈装置的互感大、接收线圈的暂态过程影响大等因素而导致的实际测试数据分辨能力低。这主要表现在3个方面:其一,现场数据采集易受环境电磁噪声的干扰而出现明显的跳动,降低了实测感应电动势衰减曲线的可靠性;其二,电流关断时间过长和发射与接收线圈之间的强互感共同导致瞬变电磁场早延时数据出现幅值超高、时间长的"平台"现象,造成对浅部地电信息的分辨能力严重下降,是实际应用中勘探盲区过大的主要影响因素之一;其三,接收线圈的暂态过程影响使得实测瞬变电磁场早延时数据变得更加复杂,对浅部地电信息的分辨有一定的影响。

因此,为加强瞬变电磁方法对坑道超前浅部含水体的分辨能力,提高现场测试数据的采集精度,本节针对瞬变电磁采集主机、线圈装置进行探讨,对部分功能及参数进行改进与优化,力求为取得瞬变电磁方法在坑道超前探水中的良好测试效果奠定基础。

4.1.1 采集设备的改进

收发一体式的瞬变电磁数据采集设备一般包含采集主机和装置线圈两个部分。笔者在YCS40(A)型矿用本安型瞬变电磁仪的基础上,改进采集主机部分功能及参数,优化线圈的装置形式,从而形成一套精度较高的瞬变电磁设备(图4-1,仪器名称为YCS256型矿用本安型瞬变电磁仪,简称YCS256)。该设备包含采集主机及中心线圈装置两个部分,并携带充电器、USB传输线及U盘等附件。通过设备改进,力求提高对瞬变电磁场数据的观测能力。

1. 改进不同周期数据的叠加处理方式

设发射电流的周期数(即叠加次数)为 n,单个周期发射双极性脉冲如图4-2所示,正发射电流为 I_1,对应的归一化感应电动势为 ε_1,负发射电流为 I_2,对应的归一化感应电动势为 ε_2,YCS40(A)用式(4-1)来表达该周期的电流归一化感应电动势,然后再对 n 个周期取平均值作为当次观测的感应电动势值。考虑到硬件系统及供电电池的快速发射后供电电压不稳,尤其在叠加次数大的情况下,导致不同周期内 $I_1 \neq I_2$,则必然有 $\varepsilon_1 \neq \varepsilon_2$,故式(4-1)的处

图 4-1　YCS256 型瞬变电磁仪

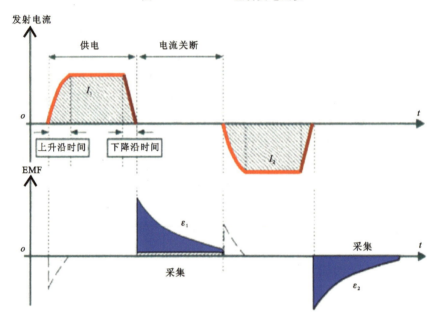

图 4-2　单个周期的脉冲波形

理方法会有误差,尤其是在现场探测一段时间后,电池电压出现较大波动时,这种误差将被进一步放大,严重时会影响瞬变电磁场数据的采集精度。

$$\frac{\varepsilon}{I}=\left(\frac{\varepsilon_1-\varepsilon_2}{2}\right)\div\left(\frac{I_1-I_2}{2}\right)=\frac{\varepsilon_1-\varepsilon_2}{I_1-I_2} \tag{4-1}$$

为避免因电池供电性能问题而影响瞬变电磁场数据的采集精度,主机改进中采取先对电流归一化,然后取平均的方式:

$$\frac{\varepsilon}{I}=\frac{1}{2}\left(\frac{\varepsilon_1}{I_1}+\frac{\varepsilon_2}{I_2}\right) \tag{4-2}$$

因此,多个周期叠加后的电流归一化感应电动势可以表示成

$$\frac{\varepsilon}{I}=\frac{1}{2n}\sum_{i=1}^{n}\left(\frac{\varepsilon_1}{I_1}+\frac{\varepsilon_2}{I_2}\right)_i \tag{4-3}$$

2. 加密观测时间窗口

国内现有瞬变电磁仪器大多基于地面大功率仪器转换而来。地面探测时因发射功率大且探测对象往往是金属矿脉和较大的富水体而使感应场强大、响应时间长,相对较少的观测时间窗口可捕捉到异常体瞬变电磁场响应信息。而坑道探测应用时,首先,受煤矿本安及坑道掘进空间的限制,发射电流小且发射线圈面积较小,导致发射功率相对地面探测大幅下降,从而造成异常体激励场偏弱,瞬变电磁场响应信号幅值偏小,捕捉难度加大;其次,与地面勘探对象相比,坑道瞬变电磁测试对象通常是坑道掘进工作面前方的相对弱含水体,其幅值小、衰减快,若观测时间窗口较少,则相对弱含水体的瞬变电磁场响应信号捕捉能力不足。因此,为提高对坑道掘进工作面前方含水体的勘探精度,除提高仪器的分辨电压水平之外,还需加密观测时间窗口。改进的 YCS256 型瞬变电磁仪的观测窗口由 YCS40(A) 的 40 测道扩展到 256 测道,增强了对弱含水体响应的分辨能力。

3. 识别背景电磁噪声

因坑道工作环境复杂,存在大量电磁噪声,工作人员往往难以察觉,为辅助提高瞬变电磁场采集数据的信噪比,在仪器中增加背景电磁场信号的采集与频谱分析功能,为有效排除背景电磁干扰提供指导。图 4-3 和图 4-4 为井下坑道内实测电磁噪声信号及其频谱曲线。从图中可见,电磁噪声信号周期变化明显且幅值高,约为 $150\mu V$。图 4-5 是在此背景噪声干扰前后采集的两组数据,显然可见,瞬变电磁场受到背景电磁噪声的干扰,瞬变电磁场晚延时段信号出现强烈的振荡,所采集的数据可靠性差,而去除强背景噪声后的数据显得较为圆滑,可靠性较高。因此,通过背景电磁噪声信号的采集与分析可以识别现场的电磁干扰程度,对工作环境的电磁噪声进行排查辅助提高了瞬变电磁场数据的采集质量。

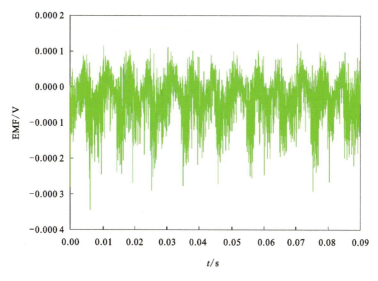

图 4-3 实测背景信号图

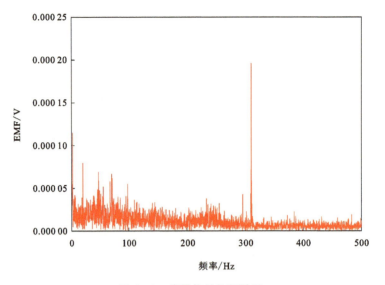

图 4-4 背景信号的频谱图

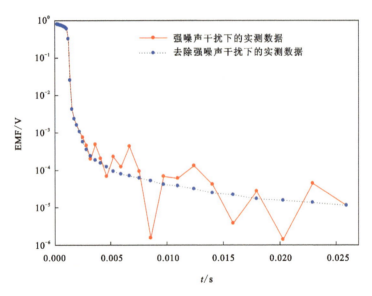

图 4-5 强背景干扰前后的信号对比

4.1.2 常规线圈的改进

通常坑道掘进瞬变电磁超前探测采用的线圈装置包含发射和接收两个独立的线圈。由于线圈装置对发射磁矩、电流关断时间、发射与接收线圈的互感以及接收线圈的暂态过程等均有影响,因此,在线圈装置的优化过程中,需要考虑 3 个方面的情况。其重点需要减小 t_0、M 以及对接收系统进行优化和改进。其中:①减小 t_0 需要从瞬变电磁仪器主机出发,对发射电路进行优化,同时,仍需考虑减小发射线圈自身的感抗作用,主要是降低发射线圈内不同匝之间的自感、互感;②降低 M,可通过改变当前发射与接收线圈的装置方式,如将重叠装置改进为中心线圈装置;③对接收系统的优化需要考虑接收系统的固有谐振频率 ω_0 和接收端电路的阻尼系数 ζ。现有研究结果表明,提高 ω_0 并使 ζ 处于 0.9 附近,可有效提高接收系统的灵敏度,减小接收系统的暂态过程时间。而 ω_0 取决于接收线圈的分布电容 C 和电感 L,阻尼系数 ζ 可通过改变接收端阻尼电阻进行调节。

因此,除对仪器工作性能进行改进外,笔者还主要针对发射线圈内部自感、互感,发射线圈与接收线圈之间互感,接收线圈的分布电容和电感,以及接收端电路的阻尼电阻进行优化。图4-6为测试线圈改进前后对比图。

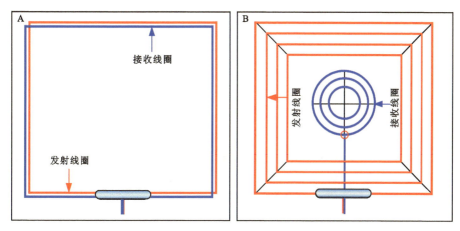

图4-6　测试线圈示意图
A.改进前;B.改进后

1. 对发射线圈的参数匹配与优化

发射线圈的匝数和边长影响到发射磁矩的大小,并且由于其本身存在较强自感,电流关断曲线的形态和关断时间的长短也易受到影响。因此,在发射线圈的设计中,重点是在确保较高的发射磁矩情况下,通过对瞬变电磁发射端采集电路设计匹配电阻,以减小因发射匝数较多带来较长的电流关断时间和变化剧烈的电流关断曲线,避免造成复杂的瞬变电磁场响应信号,不利于对坑道超前地电信息的识别。YCS256仪器在常规的探测应用中,设计了边长为2m、匝数为10匝的正方形发射线圈,并对该发射线圈进行了阻尼电阻匹配。这优化了电流关断的影响,改善了以往坑道瞬变电磁随意配制发射线圈的不利状况。

2. 对线圈装置的布置方式进行优化

目前,坑道探测大多采用收发一体式瞬变电磁仪器,且以重叠线圈装置为主。该装置条件下,接收线圈因与发射线圈距离太近,在发射电流的关断期间,接收线圈中产生很强的互感电动势(一次磁场),且由于其自身存在电感、分布电容等。在该期间,接收端电路得到充电,当电流关断以后,接收电路开始放电,由于该信号同样被接收线圈检测,与地质体产生的瞬变电磁场信号混叠为一体,并且远远大于后者,进而导致在瞬变电磁场的早、中延时范围内,采集信号的可靠性严重下降,影响了该方法的浅层勘探分辨能力,是造成探测"盲区"扩大的原因之一。由此可见,仪器存在电流关断时间、重叠线圈的强互感以及接收线圈的电感、电容等共同影响了早、中延时测试数据的可靠性,而其中发射线圈与接收线圈的互感是关键因素。

如图4-7所示,令线圈1的匝数为N_1,半径为a,线圈2的匝数为N_2,半径为b,两线圈位于同一平面内,则线圈1和线圈2的互感系数为

$$M_{\text{total}} = \sum_{i=1}^{N_1} \sum_{j=2}^{N_2} M_{ij} \tag{4-4}$$

式中:M_{ij}为线圈1中第i匝与线圈2中第j匝之间的互感系数。

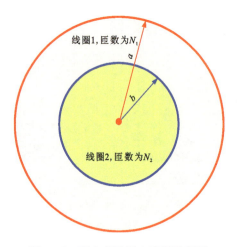

图4-7 两个多匝同心线圈示意图

根据相关文献可以推导出

$$M_{ij} = \mu_0 (a+b) \left[\frac{a^2+b^2}{(a+b)^2} K(k) - E(k) \right] \tag{4-5}$$

式中:$K(k)$和$E(k)$分别为第一类和第二类椭圆积分。其表达式为

$$\begin{cases} K(k) = \int_0^{\pi/2} 1/\sqrt{1-k^2 \sin^2(\varphi)} \, d\varphi \\ E(k) = \int_0^{\pi/2} \sqrt{1-k^2 \sin^2(\varphi)} \, d\varphi \\ k = 2\sqrt{ab}/(a+b) \end{cases} \tag{4-6}$$

当$a=b$时,线圈1和线圈2重叠,定义此时互感为M_0,通过在式(4-5)和式(4-6)中代入线圈的几何参数,然后依据式(4-4)求和,可以计算出两线圈在半径相等或不等情况下的互感系数,将该值与M_0相比,并做归一化处理,所得结果如图4-8所示。从图中可见,随着b/a逐渐增大,线圈1和线圈2的互感系数呈近似指数上升,至$b=a$时,两线圈之间互感系数最大。由此可见,在重叠线圈装置条件下,发射线圈和接收线圈之间的互感处于最强状态。

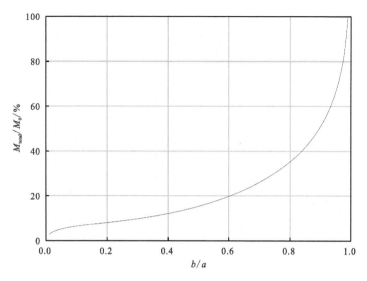

图 4-8　互感系数与线圈尺寸的相互关系

当收发线圈边长之比 $b/a \leqslant 0.6$ 时，可见线圈 1 和线圈 2 之间互感系数降低了 80% 以上。因此，如果改变接收线圈的大小，则可以减弱装置线圈的互感，但考虑增强接收信号的信噪比需增加接收线圈的匝数。通过多次检测进行折中处理，将发射线圈边长 L_T 和接收线圈边长 L_R 的比值定为

$$\frac{L_R}{L_T} = \frac{b}{a} = 0.6 \tag{4-7}$$

此时装置形式变为中心线圈，在相同接收面积条件下，则要求接收匝数增加 $(1 \div 0.6)^2 \approx 2.7$（倍），但考虑到接收线圈暂态过程影响不能太大，结合仪器检测实验，将接收线圈匝数增加至 2 倍。如图 4-9 所示，当发射线圈匝数固定为 10 匝，40 匝接收线圈的互感系数值映射到 20 匝时，对应的 b/a 值约为 0.83，该值对应的互感系数约为重叠线圈的 40%。因此，应用中心线圈可以有效降低互感，并保障信噪比较高，这对早、中延时段瞬变电磁场数据的分辨是有利的。

据上分析，设计 YCS256 常用的坑道发射线圈的边长为 2m，接收线圈的边长为 1.2m，发射线圈匝数和接收线圈匝数分别为 10 匝和 20 匝。图 4-10 为在相同条件下利用 YCS256 测试并选取 200μs 以后的感应电动势曲线，其中，重叠装置和中心装置具有相同的发射线圈尺寸（2m×2m×10 匝），重叠装置中接收线圈尺寸为 2m×2m×10 匝，中心装置中接收线圈尺寸为 1.2m×1.2m×20 匝。因接收面积及发射电流大小的不同，实测两条曲线幅值不等，但瞬变电磁场中、晚延时段曲线的衰减趋势基本一致，采集数据质量相对较高；对于早延时段的测试数据明显可见，重叠装置实测曲线因具有很强的互感导致早延时段（如 200μs 至 600μs 范围内）采集数据失真，而中心装置实测曲线数据在该时间段内表现出较好衰减特征，同比数据质量提高、更为可靠。因此，确定采用中心线圈装置可较大地提高瞬变电磁场早延时段的数据采集质量，增强对浅部地电信息的分辨，进一步为缩小勘探盲区创造良好条件。

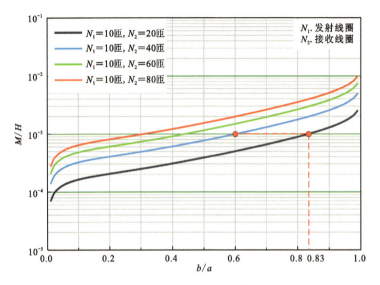

图 4-9 接收线圈匝数与互感的关系

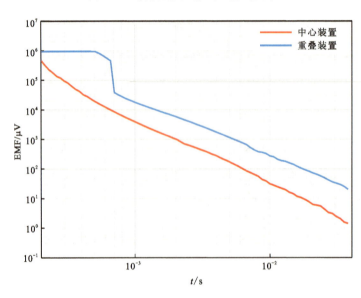

图 4-10 重叠线圈与中心线圈实测数据对比

3. 对接收线圈的阻尼匹配优化

图 4-11 和图 4-12 是接收线圈的单位冲激响应和阶跃响应。从图中可见，接收线圈的阻尼系数 δ 越小，冲激响应上升时间短，响应速度越快，幅值越大，接收线圈的高频特性越明显，曲线变化越剧烈；相反，阻尼系数 δ 越大，冲激响应曲线上升时间越长，响应速度越慢，幅值越小，接收线圈的低频特性越明显，曲线越趋于平缓。当接收线圈处于欠阻尼状态(即 $\delta<1$)时，冲激响应与阶跃响应曲线均发生振荡，但幅值较大，信号衰减小，仪器灵敏度高；当接收线圈处于过阻尼状态(即 $\delta>1$)时，冲激响应与阶跃响应曲线均不发生振荡，但幅值小，信号

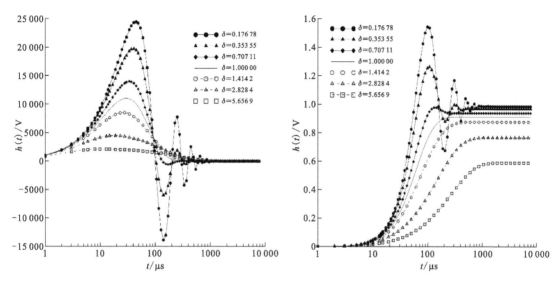

图 4-11 接收线圈系统的冲激响应　　　图 4-12 接收线圈系统的阶跃响应

衰减大,仪器灵敏度低;当接收线圈处于临界阻尼(即 $\delta=1$)时,冲激响应与阶跃响应曲线均不发生振荡,幅值中等,信号衰减不大,仪器灵敏度较高。由此可见,当接收线圈处于临界阻尼状态时,曲线不发生振荡,损耗小,系统处于最理想工作状态。因此,瞬变电磁探测仪器应配套具有理想工作状态的接收线圈,确保现场采集数据质量可靠。

为使接收线圈处于临界阻尼状态,可通过调节线圈接收端匹配电阻 R 的大小来加以实现。据相关文献,匹配电阻 R 的理论计算公式为

$$R=\frac{(1-2\delta^2)r+2\delta\sqrt{(\delta^2-1)r^2+\frac{L}{C}}}{4\delta^2-r^2\frac{C}{L}} \tag{4-8}$$

式中:δ 为接收线圈的阻尼系数;r 为接收线圈的内阻,单位为 Ω;L 为接收线圈的分布电感,单位为 H;C 为接收线圈的分布电容,单位为 F。

当 $\delta=1$ 时,有

$$R=\frac{L}{rC+2\sqrt{LC}} \tag{4-9}$$

从图 4-13 可以看出,欠阻尼状态曲线($\delta<1$)在早延时段出现振荡,阻尼系数越小,振荡越剧烈,中、晚延时范围曲线与接近临界阻尼状态曲线($\delta=1.05$)一致;过阻尼状态曲线($\delta>1.05$)在早延时段缓慢上升,幅值偏小,中延时范围曲线衰减速度加快,晚延时范围曲线与阻尼状态曲线衰减趋势一致,但幅值明显偏小,这与图 4-11 和图 4-12 所反映的特征一致;接近临界阻尼状态曲线整体质量较高。因此,理论分析认为对接收线圈进行阻尼匹配可以整体提高瞬变电磁场数据的观测质量。

图 4-14 给出了 YCS256 配套装置中匝数为 20 匝、边长为 1.2m 的接收线圈在不同匹配电阻(R)下的实测瞬变电磁场响应曲线。图中横坐标为测道编号,其始末测道编号表示的

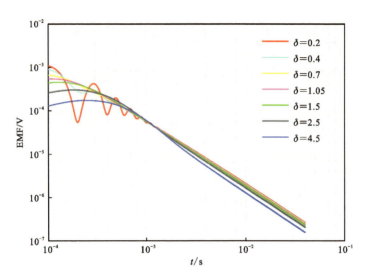

图 4-13 不同阻尼系数接收线圈对理论瞬变电磁场信号的响应

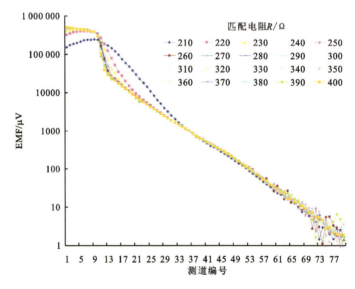

图 4-14 不同阻尼系数接收线圈对实测瞬变电磁场信号的响应

时间范围为 $65\mu s$ 至 $15\,920\mu s$。从图中可见,当 R 从 210Ω 增大至 400Ω 的过程中,实测感应电动势曲线特征不同,其中,当 R 在 210Ω 至 300Ω 变化时,感应电动势曲线表现出明显的过阻尼状态特征(如 $R=210\Omega$);当 R 在 300Ω 至 400Ω 变化时,早延时段信号的振荡现象并不明显,分析与实测曲线已经过原始观测数据的抽道运算影响有关,但可以看出的是,若 R 越大,早延时信号响应幅值偏高,这与欠阻尼状态条件下的冲激响应和阶跃响应特征一致。因此,确定实验中应用接收线圈的匹配电阻为 300Ω。综上,通过对接收线圈阻尼电阻的匹配,尽可能确保接收线圈工作在理想状态,提高了仪器对测试数据的采集精度,这改变了以往忽视接收线圈工作状态的做法。

4. 其他功能参数的优化

除上述改进与优化外,YCS256 在提供常见的时间-电压图等图形显示基础上增加了现场实时视电阻率解析与成像功能,用户可在测试现场获得初步解析结果;在信号采集中,嵌入了专有的数字滤波算法和背景制导选频等技术,大幅压制了干扰;构建了高性能的硬件平台,缩短了电流关断时间,提供可调式脉冲占空比以及拓展发射频率等,整体提高了数据采集质量。YCS256 与改进前的 YCS40(A)各项指标对比见表 4-1。

表 4-1　YCS256 型瞬变电磁仪与 YCS40(A)型瞬变电磁仪技术指标对比

指标项目	YCS40(A)型瞬变电磁仪	YCS256 型瞬变电磁仪
防爆类型	本安型	本安型
处理器类型		低功耗 NiosII/f 32 位 RISC
处理器主频		NiosII/f 120MHz
软件平台	单片嵌入式系统平台	嵌入式操作系统
存储容量	2048 测点	1GB(可扩展)
显示屏	黑白点阵液晶显示器,分辨率 240×128	TFT7 寸彩色液晶显示屏,分辨率 800×480
电源	内置两组镍氢电池,每组 7.2V/9Ah	内置两组镍氢电池,每组 7.2V/9Ah
连续工作时间	4h 以上	6h 以上
叠加次数/次	32~2048	1~65 536(可选)
测道数/个	40	20~256(可选)
发射频率/Hz	8.3、25、75、125	2.5、6.25、8.3、12.5、25、62.5
发射波形	双极性矩形波	双极性矩形波
占空比	1:1	可调
发射电压/V	7.2	9
发射电流/A	<2.0	<4.2
AD 转换器/bit	16	24
采样率/μs	1	1
动态范围/dB	134	140
最小信号分辨率/μV	1	0.168
外形尺寸及质量	312mm×257mm×105mm,7.8kg	356mm×282mm×111mm,6kg
线圈规格	重叠线圈(边长 2m)	中心线圈(发射边长 2m,接收边长 1.2m)

5. 与其他设备的对比试验

图 4-15 给出了不同瞬变电磁仪器在某井下坑道内实测感应电动势曲线。其中,图 4-15A 为 YCS40(A)的实测数据,采用重叠装置,发射线圈参数为 2m×2m×9 匝,接收线圈参数为 2m×2m×18 匝,设置 40 个时间窗口;图 4-15B 为国外 TERRATEM 仪器实测数据,采用

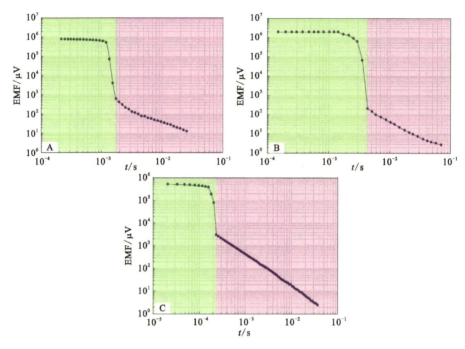

图 4-15　不同仪器现场实测数据比较

重叠装置，发射线圈参数为 2m×2m×40 匝，接收线圈参数为 2m×2m×60 匝，设置 34 个时间窗口；图 4-15C 为 YCS256 仪器实测数据，采用中心装置，发射线圈参数为 2m×2m×10 匝，接收线圈参数为 1.2m×1.2m×20 匝，设置 80 个时间窗口。对比各仪器实测数据曲线，可见三种实测数据在晚延时段均有圆滑的衰减趋势，但 YCS40(A) 和 TERRATEM 在前期时间窗口的观测数据明显失真，按照现有常规的数据处理方式，YCS40(A) 在约 1100μs 以前数据处理无效，TERRATEM 在约 1400μs 以前数据处理无效，而 YCS256 在约 216μs 以前数据处理无效，因此，YCS256 采集数据提高了早延时段数据的有效性；此外，YCS40(A) 和 TERRATEM 早延时段测试数据基本处于饱和状态，幅值达到仪器采集电压分辨的上限，而 YCS256 的早延时段测试数据未达到仪器的最高分辨电压，这为进一步利用该段数据消除互感、增强利用提供了有利条件。因此，改进后的 YCS256 型瞬变电磁仪提高了数据采集质量，提升了对坑道掘进工作面前方浅部含水体的勘探能力。

6. 井下水仓试验

在福建将乐县矿井物探试验基地一号井下，选择超前探测试验场作为试验地点。坑道顶板标高 175m，坑道截面宽 2m、高 2m，两帮为泥岩，较平整，顶、底板分别为砂岩和粉砂岩，属于下二叠统童子岩组，为海陆交互相含煤沉积。在实验坑道掘进工作面前方 25m 处布置水仓模型，水仓分内外两仓：内仓为长方体，截面为正方形，边长为 5m，储水量为 60m^3；外仓截面为长方形，宽 1.2m，长 15m，储水量为 40m^3；内外两仓共储水 100m^3。水仓整体沿坑道走向布置，走向长度为 20m，分布在坑道掘进工作面前方 25m 至 45m 之间（图 4-16）。

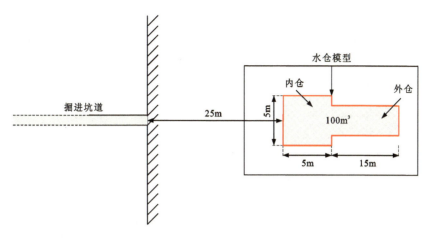

图 4-16 水仓模型布置图

将中心线圈紧贴在坑道掘进工作面上(图 4-17),线圈法线方向与坑道轴向一致,然后将水仓内 100m³ 水在 1h 内放完,放水速度基本保持固定,期间每间隔 12min 采集一组数据,每组数据采集 5 次,取平均值作为该时刻观测的瞬变电磁场数据,整个放水期间共采集 6 组数据,对应水仓内水量分别为 100m³、80m³、60m³、40m³、20m³ 和 0m³,通过数据对比以分析不同含水量条件下瞬变电磁场的响应变化情况。数据采集应用 YCS256 型瞬变电磁仪,中心线圈装置,其中发射线圈 10 匝,边长 2m,接收线圈 20 匝,边长 1.2m,发射电流约 2.5A。由于本次实验模型距离掘进工作面较近,对观测时间窗口进行调整,设置为 80 个窗口,其时间分布为 65~15 920μs,大致呈对数间隔分布。

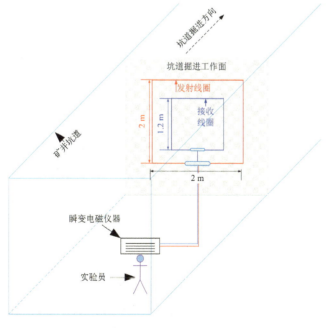

图 4-17 试验观测布置图

由于试验过程中,保持仪器设备及参数不变、测试线圈固定,可以确定试验所测试的瞬变电磁场变化均考虑由水仓内水量变化引起。图4-18为水仓内不同水量的感应电动势衰减曲线。从图中可见,不同水量的实测感应电动势数值不等,其中,前期窗口观测的电动势数值随水量增加有减小趋势,后期窗口则表现出上升趋势。

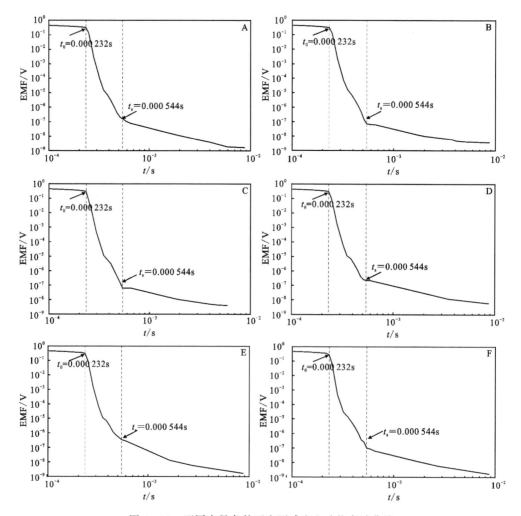

图4-18 不同水量条件下实测感应电动势衰减曲线
A. $q=0m^3$; B. $q=20m^3$; C. $q=40m^3$; D. $q=60m^3$; E. $q=80m^3$; F. $q=100m^3$

为更为明显地观察水体的响应,将水仓无水状态(即 $q=0m^3$)与水仓内各含水状态(即 $q>0m^3$)下的实测感应电动势数值相减,作为瞬变电磁场的异常响应。图4-19即为不同水量情况下的瞬变电磁场异常响应曲线。从图中可见,异常响应曲线分为两段,第一段为感应观测时间段,第二段为衰减观测时间段。显然,第一段和第二段响应特征有同有异,相同之处在于两段的异常响应幅值都随水量递增而增强;不同在于,第一段异常响应为负值,说明该时间段含水体引起负瞬变电磁场响应;而第二段异常响应为正值,表明该时间段含水体引起正瞬变电磁场响应。试验结果表明,改进后的测试线圈有效捕捉到了水体的瞬变电磁场响应,提高了早期 TEM 数据的质量,但同时也看出,水体的响应主要位于感应瞬变电磁场早期,受到了线圈互感的干扰,不利于异常场的提取。

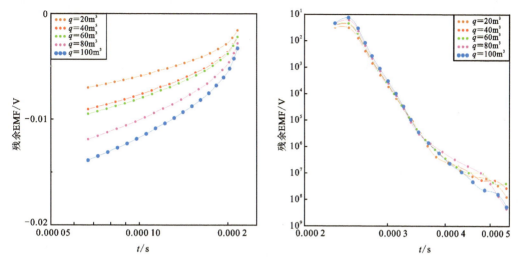

图 4-19　不同水量情况下瞬变电磁场异常响应曲线

4.1.3　零磁通线圈的研制

多匝发射线圈存在较强的感抗,导致瞬变电磁仪器发射电流存在较长的关断时间,使得共中心方式下收发线圈之间的互感(一次磁场)强且持续时间较长。在此基础上,多匝接收线圈因存在分布电容和电感而使得接收系统具有显著的暂态过程,在其影响下,一次磁场的干扰时间显著延长,从而导致小线圈瞬变电磁实测早延时数据明显失真,视电阻率计算结果严重偏离实际,造成该方法对浅层地电异常体的分辨能力缺失,即存在近距离勘探盲区。近年来,诸多学者从不同的角度出发,采用不同的方法手段来提升瞬变电磁场早延时数据的质量,以提升瞬变电磁方法的浅层探测能力,减小勘探盲区。例如胡雄武等(2014c)通过理论瞬变电磁全程数据与接收系统冲激响应函数的卷积,研究了坑道瞬变电磁全程数据的响应特征,确定了电流关断时间对瞬变电磁场早延时数据的影响范围,进一步提出了全程视电阻率算法,提高了早延时数据解译精度;杨海燕等(2007)、范涛等(2014)通过推导多匝线圈互感公式,基于理论计算的方式消除早延时数据中的电感影响;王华军(2010)、张爽等(2014)围绕接收系统的阻尼特性展开研究,分别提出阻尼匹配和阻尼特性标定方法来降低接收系统暂态过程的影响;林君等(2016)研制了感应式空芯线圈传感器,采用分层绕线和分段绕线制作线圈,减小了线圈分布电容和电感,增大了线圈谐振频率,拓宽了响应频带宽度,进一步缩短了接收系统暂态过程,提升了线圈灵敏度和信噪比;席振铢等(2016)采用非共面的双线圈源及等值反磁通方式消除了收发线圈之间的一次磁场干扰;梁庆九(2020)基于等值反磁通原理发明了一种双发射线圈瞬变电磁组合装置,消除了常规接收线圈一次磁场和二次磁场的混叠现象。综上所述,以往研究主要围绕理论计算、接收系统暂态过程优化和线圈研制 3 个方面来提升瞬变电磁场早延时数据质量。相比而言,采用双发射线圈的等值反磁通方式对瞬变电磁场早延时数据质量的提升效果较优,但该方式同时也存在发射磁矩损失的缺点,如该方式中上下双线圈源通电方向相反,在实现中间接收线圈等值反磁通的同时,也将导致地质体中一次磁场削弱,进一步降低二次磁场的感应幅值,一定程度上影响小线圈瞬变电磁方法的测深能力。

基于上述认识,此处拟从仪器记录的瞬变电磁场数据入手,通过理论数据重建,确定瞬变电磁场早延时数据畸变的关键因素;再基于发射线圈周围磁场的分布特征,提出一种共中心零磁通线圈的绕制方法,并与常规中心线圈进行试验对比,验证零磁通线圈的可靠性和优越性,从而克服瞬变电磁存在浅层勘探盲区这一技术缺陷,为实际探测应用提供良好的装备支撑。

1. 瞬变电磁场数据重建过程

实际瞬变电磁场数据为发射与接收线圈之间的一次磁场、地质体响应的二次磁场以及背景噪声等数据合成,仪器测量数据为以上合成数据输入到接收系统后的输出结果。其中,一次磁场 $U_1(t)$ 可以表达为

$$U_1(t) = \begin{cases} -M\dfrac{\mathrm{d}I(t)}{\mathrm{d}t} & 0 < t \leqslant t_0 \\ 0 & t > t_0 \end{cases} \quad (4-10)$$

式中:M 为发射线圈与接收线圈之间的互感系数;t 为测量时间,发射电流开始关断时为 0;$\mathrm{d}I(t)/\mathrm{d}t$ 为发射电流随时间的变化率;t_0 为电流关断时间。

以全空间瞬变电磁响应为例,均匀全空间线性电流关断条件下的地质体二次磁场全程响应表达式为

$$U_2(t) = \begin{cases} -\dfrac{\sqrt{\pi}\mu_0 nIS}{4gt_0}\left[\varphi(u) - \dfrac{2}{\sqrt{\pi}}ue^{-u^2}\right] & 0 < t \leqslant t_0 \\ \dfrac{\mu_0 nIS}{4gt_0}\left[2ue^{-u^2} - \sqrt{\pi}\varphi(u) \\ + \sqrt{\pi}\varphi\left(u\sqrt{\dfrac{t}{t-t_0}}\right) - 2ue^{-u^2 t/(t-t_0)}\sqrt{\dfrac{t}{t-t_0}}\right] & t > t_0 \end{cases} \quad (4-11)$$

式中:n 为发射线圈匝数;I 为发射电流;g 为发射线圈边长的 $1/2$;S 为接收线圈总面积;$\varphi(u) = \int_0^u 2e^{-x^2}\mathrm{d}x/\sqrt{\pi}$;$u = \sqrt{\mu_0 \sigma g^2/(\pi t)}$;$\mu_0$ 为真空磁导率;σ 为地质体电导率。

在不考虑背景噪声条件下,接收系统的输入信号可表示为

$$U_i(t) = U_1(t) + U_2(t) \quad (4-12)$$

按照线性时不变理论,接收系统输出信号 $U_o(t)$ 可表示为

$$U_o(t) = V(t) \times U_i(t) \quad (4-13)$$

式中:$V(t)$ 为接收系统冲击响应函数,主要描述接收系统的暂态过程。具体可表示为

$$\begin{cases} V_1(t) = \dfrac{\omega_0^2 e^{-\zeta\omega t}}{2\omega\sqrt{\zeta^2-1}}\left[e^{t\omega\sqrt{\zeta^2-1}} - e^{-t\omega\sqrt{\zeta^2-1}}\right] \\ V_2(t) = \dfrac{\omega_0^2 \sin(t\omega\sqrt{1-\zeta^2})}{\omega\sqrt{1-\zeta^2}}e^{-t\omega\zeta} \\ V_3(t) = \omega_0^2 t e^{-t\omega} \end{cases} \quad (4-14)$$

式中：ω 为接收系统谐振频率，$\omega=\omega_0\sqrt{(R_i/R_P+1)}$；$R_i$ 为接收线圈内阻；R_P 为接收电路匹配电阻；$\omega_0=\sqrt{1/(LC)}$，为接收线圈固有谐振频率；L、C 是接收线圈的分布电感和电容；ζ 为接收系统阻尼系数，$\zeta=\delta/\omega$，$\delta=(R_iC+L/R_P)/(2LC)$；$V_1(t)$、$V_2(t)$ 和 $V_3(t)$ 分别是欠阻尼、过阻尼和阻尼匹配条件下接收系统冲击响应函数。

2. 早延时数据失真的影响因素

由前文可知，在不考虑背景噪声时，仪器实测瞬变电磁场主要取决于一次磁场、二次磁场以及接收系统的暂态过程。显然，一次磁场是干扰场，是导致实测早延时数据畸变的原因之一；暂态过程决定了接收系统的频带宽度及灵敏度，是影响实测瞬变电磁场数据质量的另一原因。从式(4-10)可知，在供电电流不变条件下，一次磁场主要取决于收、发线圈互感系数 M 和电流关断时间 t_0，后者通常与仪器性能及发射线圈匝数相关，实际中往往已达到仪器的最佳状态，改进空间极为有限。接收系统暂态过程主要与接收电路的阻尼系数 ζ 和接收线圈固有谐振频率 ω_0 有关，后者通常与接收线圈匝数及其绕制方法密切相关，改进空间也相对有限。因此，M 和 ζ 是改进实测瞬变电磁场数据质量的两个重要参数。

令 $t_0=0.1\text{ms}$、$\sigma=0.01\text{S/m}$、$I=1\text{A}$、$g=0.5\text{m}$、$S=1\text{m}^2$ 和 $N=1$ 匝，则由式(4-12)可计算不同互感系数的瞬变电磁场输入信号 $U_i(t)$。从图 4-20 可见，因存在电流关断时间，瞬变电磁场信号被分为电流关断前和电流关断后两个响应段，其中前段时窗长度与关断时间一致，该段的瞬变电磁场包含了一次磁场和二次磁场，且其幅值随 M 增大而增大；关断后瞬变电磁场为地质体二次磁场。由此可知，输入信号中瞬变电磁场的有效分辨时间 t_s 位于 t_0 处，t_0 之前瞬变电磁场受一次磁场干扰，其干扰程度由收发线圈互感决定。

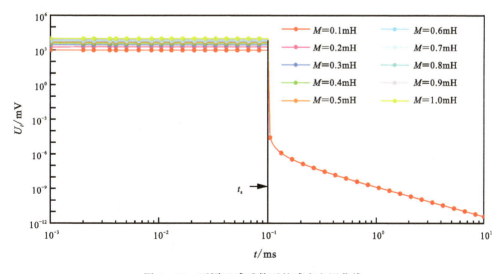

图 4-20 不同互感系数下的感应电压曲线

令接收线圈电感 $L=1\text{mH}$、电容 $C=1\mu\text{F}$，则图 4-20 中 $U_i(M=0.1\text{mH})$ 在不同阻尼系数情况下的输出信号 $U_0(t)$ 见图 4-21。对比该图中输出与输入信号可见，输出信号中瞬变电磁场的有效分辨时间 t_s 明显大于 t_0,说明受接收系统暂态过程的影响,一次磁场的干扰时间明显增大。其中,当 $\zeta \leqslant 1$ 时(即接收系统处于欠阻尼或阻尼状态),t_s 约等于 0.4ms,但当 $\zeta < 1$ 时,信号在 t_s 之前振荡明显;当 $\zeta > 1$ 时(即接收系统处于过阻尼状态),t_s 明显增大,如当 $\zeta = 1.4$ 时,t_s 约为 0.8ms。故可知接收系统暂态过程易使实测瞬变电磁场有效分辨时间滞后,即便调整接收系统至阻尼状态时,t_s 较 t_0 也滞后了 0.3ms。

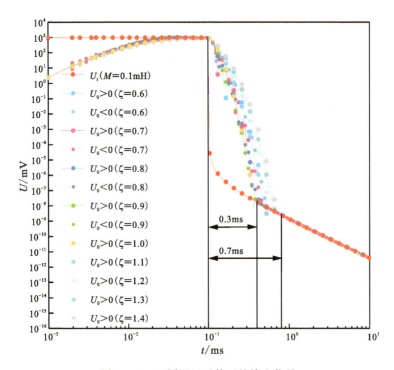

图 4-21 不同阻尼系数下的输出信号

图 4-22 进一步给出了不同互感系数的输入信号在上述接收系统处于阻尼匹配状态(即 $\zeta = 1$)下的输出结果。由图可见,当 $M = 0.005$mH 时,t_s 约为 0.16ms;当 $M = 0.1$mH 时,t_s 约为 0.4ms;当 $M = 1.0$mH 时,t_s 约为 1.1ms;相对输入信号,上述 t_s 分别只滞后了 0.6ms、0.3ms 和 1ms,说明仪器记录的瞬变电磁场有效分辨时间将随互感系数减小而显著减小。对比图 4-21 和图 4-22 可见,相较于暂态过程引起的 t_s 滞后,互感系数 M 带给 t_s 滞后的影响幅度更大,若以 t_s/t_0 来衡量,则在 $0.6 \leqslant \zeta \leqslant 1.4$ 范围内,暂态过程致使有效分辨时间延后了 3~7 倍的电流关断时间,而 $M = 1.0$mH 时的一次磁场则使有效分辨时间延后了 10 倍的电流关断时间,且随着互感系数的增大,倍数将继续扩大。

综上可知,接收系统暂态过程和收、发线圈互感是引起瞬变电磁场早延时数据失真并造成勘探盲区的两个因素。实际中接收系统暂态过程一般可调至阻尼匹配状态,但在此基础上,更关键的是要消除一次磁场干扰,而减小收、发线圈间互感是降低一次磁场干扰并使有效分辨时间前移的有效途径。

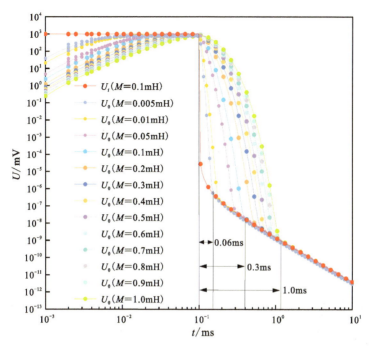

图 4-22 不同互感系数下的输出信号

3. 零磁通线圈绕制方法

若使实测瞬变电磁场有效分辨时间降低,除调节接收系统阻尼匹配状态外,还需减少收发线圈间的互感系数,以此降低一次磁场干扰。考虑到一次磁场由线圈接收磁通量的时间变化率决定,可将电流关断前的一次磁场表达式改写为

$$U_1(t)=-\frac{\mathrm{d}\phi}{\mathrm{d}t} \qquad 0<t\leqslant t_0 \tag{4-15}$$

式中:ϕ 为接收线圈的磁通量。

从式(4-15)可知,若能使 ϕ 趋于 0,则一次磁场幅值必然大幅减小,从而可使瞬变场的有效分辨时间前移,理想条件下可消除一次磁场干扰。故消除一次磁场干扰这一技术问题则转变为接收线圈磁通量"$\varphi\approx0$"的数学问题。如前文所述,常规的瞬变电磁中心线圈是把接收线圈置于发射线圈内部,当发射线圈通电时,接收线圈内部分布有高密度的磁力线(发射线圈尺寸较小时,磁力线密度更大),一次磁场磁通量大。

图 4-23 给出了恒稳供电的发射线圈内外磁力线分布及垂直磁场强度。从图中可见,发射线圈内外的一次磁场方向相反,若能为中心接收线圈(称为内接收线圈)串联一个位于发射线圈外部的环形接收线圈(称为外接收线圈),则内、外接收线圈的磁力线方向相反,通过控制内、外线圈的半径和匝数,则有望实现 $\phi\approx0$,即内、外接收线圈串联后的总磁通量近似为零,此时整个接收线圈可称为零磁通线圈(图 4-24)。

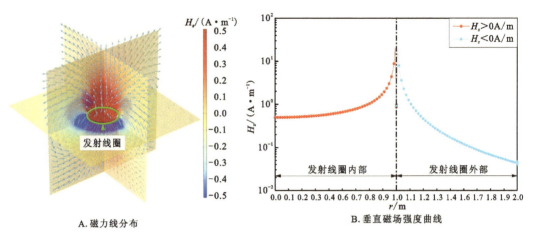

A. 磁力线分布　　　　　　　　B. 垂直磁场强度曲线

图 4-23　发射线圈内外磁场分布

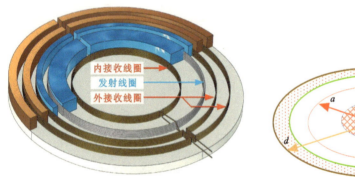

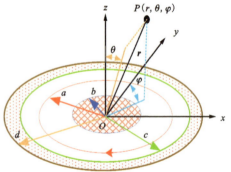

图 4-24　零磁通线圈示意图　　　图 4-25　载流圆线圈空间坐标示意图

为获得零磁通线圈中内、外接收线圈的匝数理论值,如图 4-25 所示,设平面 xOy 内有一半径 a 的单匝发射线圈,供电电流为 I,线圈中心与坐标轴原点重合,则任意点 $P(r,\theta,\varphi)$ 对应的磁感应强度为

$$\boldsymbol{B} = \frac{\mu_0}{4\pi} \int_L \frac{I \mathrm{d}\boldsymbol{l} \times \boldsymbol{R}}{r^3} \tag{4-16}$$

其中

$$\begin{cases} \mathrm{d}\boldsymbol{l} = a\mathrm{d}\varphi \boldsymbol{e}_\varphi = a(-\sin\varphi \boldsymbol{i} + \cos\varphi \boldsymbol{j})\mathrm{d}\varphi \\ \boldsymbol{R} = (r\sin\theta - a\cos\varphi)\boldsymbol{i} - a\sin\varphi \boldsymbol{j} + r\cos\theta \boldsymbol{k} \\ \mathrm{d}\boldsymbol{l} \times \boldsymbol{R} = a[r\cos\theta\cos\varphi \boldsymbol{i} + r\cos\theta\sin\varphi \boldsymbol{j} + (a - r\sin\theta\cos\varphi)\boldsymbol{k}]\mathrm{d}\varphi \end{cases}$$

化简可得

$$\boldsymbol{B} = \frac{\mu_0 a I}{4\pi} \int_0^{2\pi} \frac{1}{R^3} [r\cos\theta\cos\varphi \boldsymbol{i} + r\cos\theta\sin\varphi \boldsymbol{j} + (a - r\sin\theta\cos\varphi)\boldsymbol{k}] \mathrm{d}\varphi \tag{4-17}$$

其中

$$R^3 = [(r\sin\theta - a\cos\varphi)^2 + (a\sin\varphi)^2 + (r\cos\theta)^2]^{\frac{3}{2}} = (r^2 + a^2 - 2ar\sin\theta\cos\varphi)^{\frac{3}{2}}$$

根据载流线圈磁场对称性可得,磁感应强度在 y 轴分量矢量和为零,因此空间任意一点的磁感应强度仅与半径 r 和 θ 角有关,即

$$B_z = \frac{\mu_0 I}{4\pi a^2} \int_0^{2\pi} \frac{1 - \dfrac{r}{a}\sin\theta\cos\varphi}{\left(1 + \dfrac{r^2}{a^2} - \dfrac{2r}{a}\sin\theta\cos\varphi\right)^{3/2}} d\varphi \tag{4-18}$$

令 $\theta = \pi/2$,可得载流圆线圈 xOy 平面内任意点磁感应强度为

$$B_z = \frac{\mu_0 I}{4\pi a} \int_0^{2\pi} \frac{1 - \dfrac{r}{a}\cos\varphi}{\left(1 + \dfrac{r^2}{a^2} - \dfrac{2r}{a}\cos\varphi\right)^{3/2}} d\varphi \tag{4-19}$$

为使通过内接收线圈的磁通量 ϕ_{22} 与外接收线圈磁通量 ϕ_{21} 大小相等且方向相反,即 $\phi_{22} = \phi_{21}$,设单匝内接收线圈半径为 b,外接收线圈内环半径为 c,外环外半径为 d,则可得

$$\int_0^b 2\pi r \cdot B_z \, dr = \int_c^d 2\pi r \cdot B_z \, dr \tag{4-20}$$

令 $m = r/a (0 < m < b/a)$,则单匝内接收线圈的磁通量表达式为

$$\phi_{内} = \int_0^{b/a} B_m \cdot 2\pi a^2 m \, dm = \frac{\mu_0 I}{2} \int_0^{b/a} m \int_0^{2\pi} \frac{1 - m\cos\varphi}{[1 + m^2 - 2m\cos\varphi]^{3/2}} d\varphi \, dm \tag{4-21}$$

进一步化简得

$$\phi_{内} = \frac{\mu_0 I}{2} \int_0^{b/a} H(K - E) \, dm \tag{4-22}$$

式中:$H = \dfrac{2m(m-1)(2\sqrt{m}/m + 1)}{(m+1)(m-1)}$;$K$、$E$ 分别为第一类和第二类完全椭圆积分。

同理,单匝外接收线圈的磁通量表达式为

$$\phi_{外} = \frac{\mu_0 I}{2} \int_{c/a}^{f/a} H(K - E) \, dm \tag{4-23}$$

设发射线圈的匝数为 N_T,内、外接收线圈的匝数分别为 $N_{内}$ 和 $N_{外}$ 时,为使接收线圈处于零磁通状态,则需满足

$$N_T \cdot N_{内} \cdot |\phi_{内}| = N_T \cdot N_{外} \cdot |\phi_{外}| \tag{4-24}$$

即

$$\frac{N_{内}}{N_{外}} = \frac{|\phi_{外}|}{|\phi_{内}|} \tag{4-25}$$

通常可先设定发射线圈和内、外接收线圈的半径,然后通过式(4-25)确定内、外接收线圈的匝数比,实际中可根据探测需求绕制不同尺寸或不同匝数的零磁通线圈。

结合上述理论计算方法,此处进一步给出一种实际操作较为可行的零磁通线圈绕制方法。具体步骤如下:①将发射线圈以半径 a 绕制若干匝数;②接收线圈以半径 b 按照与发射线圈绕制相反方向绕制若干匝形成内接收线圈;③进一步扩大接收线圈至半径 c,按照发射线圈绕制相同方向绕制一匝形成外接收线圈的内环,再将接收线圈扩大至半径 d,并与发射线圈相反方向绕制一匝形成外接收线圈的外环;④重复步骤③,直至内、外接收线圈匝

数比值达到理论值,并结合实际接收信号对内、外接收线圈匝数进行微调。上述具体绕制方法见图4-26。

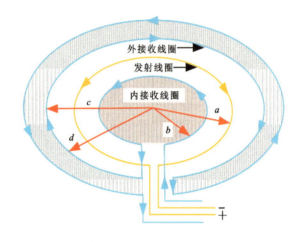

图4-26 零磁通线圈绕制方法示意图

4. 零磁通线圈试验

试验概况:为开展零磁通线圈试验,在合肥市创新大道某段布置了试验区。如图4-27所示,在试验区布置P_1、P_2、P_3和P_4共4个独立测点,其中P_4处有钻孔揭露。另外,布设一条点距10m、长度170m的测线SL_1,该测线与钻孔的水平距离为85m。

图4-27 试验区观测布置图

试验设备及参数:现场试验时选择改进后的瞬变电磁仪进行数据采集。该仪器采用双极性矩形脉冲发射,具有25Hz、5Hz等多个发射频率,占空比为1∶1,最大发射电流可达8A,信号分辨率高,电流关断时间小于0.14ms(实际值与发射线圈尺寸及匝数等有关)。试验中绕制了零磁通线圈(图4-28),其中发射线圈半径a为0.25m,内接收线圈半径b为

0.175m,外接收线圈的内环半径 c 和外环半径 d 分别为 0.29m 和 0.35m;发射线圈采用 2mm 多芯铜导线绕制,接收线圈采用 0.5mm 漆包线绕制。为便于验证零磁通信号的可靠性,同步制作了一个常规的中心线圈,其发射参数(包括尺寸、匝数、内阻、供电电流等)、接收参数(包括尺寸、匝数、内阻等)分别与零磁通线圈中的发射线圈参数、接收线圈参数保持一致。

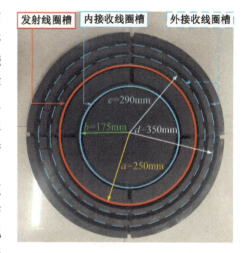

图 4-28 绕制的零磁通线圈

试验结果分析:考虑线圈尺寸较小,发射磁矩偏弱,试验过程中要使实测信号稳定,发射线圈需满足一定匝数,故试验首先通过常规中心线圈观测发射线圈在不同匝数时的瞬变电磁场信号,据此评价建场是否符合试验要求。其次考虑零磁通线圈绕制的误差,试验过程中需对其内、外接收线圈匝数比的理论值进行验证与修正,以确保零磁通线圈趋于零磁通状态。基于以上试验结果,再针对试验区钻孔及测线进行零磁通和常规中心线圈的对比试验,据此验证零磁通线圈的可靠性和优越性。

1)建场稳定性评价

现场在 P_2 测点采用接收线圈匝数为 50 匝的中心线圈并设置 25Hz 的发射频率,观测不同发射线圈匝数情况下的瞬变电磁场数据。现场观测发现,经发射电流数据分析,当发射线圈匝数小于 10 匝时,仪器关断时间随发射匝数增加而增大,大于 10 匝时关断时间基本趋于稳定,约为 0.14ms。

图 4-29 为不同发射匝数时中心线圈实测感应电压 U 及其归一化 U_N 曲线。从图中可见,当发射匝数小于 12 匝时,电压曲线波动大,晚延时段表现更为明显;当发射匝数大于 12 匝时,电压近似呈双对数线性衰减趋势,曲线相对圆滑,且随发射匝数增加,其幅值上升,信噪比增强,晚延时段数据质量得以提升。但同时也可看出,随发射匝数增加,受测试仪器动态范围限制,早延时数据出现"平头"现象,瞬变电磁场的有效分辨时间不断延后,说明发射匝数增加导致收、发线圈互感增大,一次磁场干扰增强。考虑到实际探测中在解决勘探盲区的同时,还需满足一定的探测深度,因此,通过增加发射匝数来提升晚延时数据质量是必要的。相对来说,当本试验中发射线圈匝数为 20 匝时,电压数据整体稳定,无明显波动,说明此时建场基本稳定。故为保证试验数据采集质量,后续试验均采用 20 匝的发射线圈。

2)内外接收线圈匝数比验证

确定发射线圈匝数后,在 P_2 点继续开展零磁通线圈内外接收线圈匝数比验证试验。考虑到零磁通线圈实际绕制存在的误差,根据前文公式计算的内外接收线圈匝数比,其理论值与实际值之间必然有一定差异,故需对理论值进行试验验证和修正。现场分别设置内接收线圈为 30 匝、40 匝、50 匝和 60 匝,并在其基础上,通过逐圈绕制外接收线圈直至形成零磁通线圈。

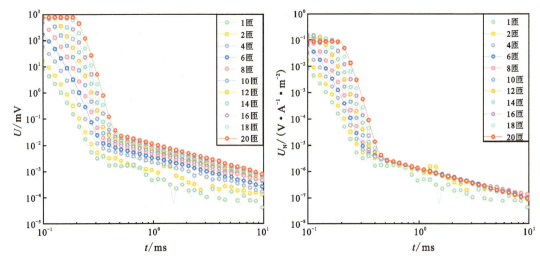

图 4-29　不同发射匝数的中心线圈电压曲线
左. 实测值；右. 归一化值

图 4-30 给出了不同内接收线圈匝数的电压曲线。从图中可见，在未连接外接收线圈时（此时内接收线圈相当于中心线圈），实测感应电压幅值最低，有效分辨时间最靠后，且内接收线圈匝数越大，有效分辨时间越后移；在绕制外接收线圈后，随其匝数增加，接收面积增大，电压幅值逐步上升；同时有效分辨时间不断前移，说明外接收线圈的反向磁通量逐步抵消内接收线圈的正向磁通量，补偿效果逐步呈现。从图中还可见，当内接收线圈匝数分别为 30 匝、40 匝、50 匝和 60 匝时，对应的外接收线圈匝数分别绕制 38.5 匝、56.5 匝、67.5 匝和 83.5 匝后，有效分辨时间接近 0.1ms，一次磁场干扰不明显，相对达到最佳状态；当外接收线圈匝数均分别少于上述匝数时，可见有效分辨时间均较大于 0.1ms，此时一次磁场仍较明显地叠加在实测信号中；相反，当外接收线圈匝数均分别大于上述匝数时，早延时段电压为负值（对数坐标下，该值未在图中绘制），说明外接收线圈磁通量大于内接收线圈磁通量，此时外接收线圈又绕制过多或补偿过大。以上分析表明，30 匝、40 匝、50 匝和 60 匝的内接收线圈在分别连接 38.5 匝、56.5 匝、67.5 匝和 83.5 匝的外接收线圈情况下，内、外接收线圈的总磁通量趋于 0，接收线圈整体趋于零磁通状态，此时相应的内、外接收线圈匝数比分别为 1∶1.29、1∶1.41、1∶1.35 和 1∶1.39。本试验中发射线圈与接收线圈的相关参数为 $a=0.25$m、$b=0.175$m、$c=0.29$m、$d=0.35$m，依前文匝数比理论计算方法，算得 $\phi_内$ 和 $\phi_外$ 分别为 7.906×10^{-8} 和 5.6704×10^{-8}，由此可确定内、外接收线圈的匝数比理论值为 1∶1.394。对比理论值与实际值可知，二者较为接近，但因绕制工艺水平等问题，存在一定误差，本试验中内接收线圈匝数为 30 匝时，误差最大，约 7.4%。以上说明匝数比理论值可为实际零磁通线圈绕制提供较好的参考，但也需进行适当的微调和修正。

3) 零磁通线圈可靠性与优越性评价

在小线圈瞬变电磁法实际探测时，为了获得浅、中和深层地电信息，常需要采用不同匝数的中心线圈才能实现，操作相对烦琐，装备成本因探测需要而增加，便捷程度也相对降低。

前文试验表明,相比中心线圈,零磁通线圈接收数据在早延时段明显降低了一次磁场干扰,数据畸变得到改善,有望获得浅层甚至极浅层地电信息。此外,据零磁通线圈的绕制方法并结合前文试验结果可知,在满足内、外接收线圈匝数比情况下,可以通过增加内、外接收线圈匝数来提高接收面积,延长观测时窗,达到获取中、深层地电信息的目的。显然,若能确保零磁通线圈早、晚延时数据的质量可靠,则可采用该线圈替代常规中心线圈用于实际探测。

为此,现场进一步开展 3 个分步试验:①考虑到随接收匝数减小,中心线圈互感减弱,瞬变电磁场有效分辨时间必将前移,故可通过不断减少中心线圈的接收匝数,来获得早延时段数据,并与零磁通线圈数据对比,验证后者早延时段数据质量的可靠性;②将发射频率从 25Hz 降至 5Hz,延长观测时窗,通过增加中心线圈接收匝数,获取晚延时段数据,并与零磁通线圈数据对比,验证后者晚延时段数据质量的可靠性;③结合试验区现场条件,开展零磁通线圈与中心线圈实际探测对比,体现零磁通线圈实际应用效果。

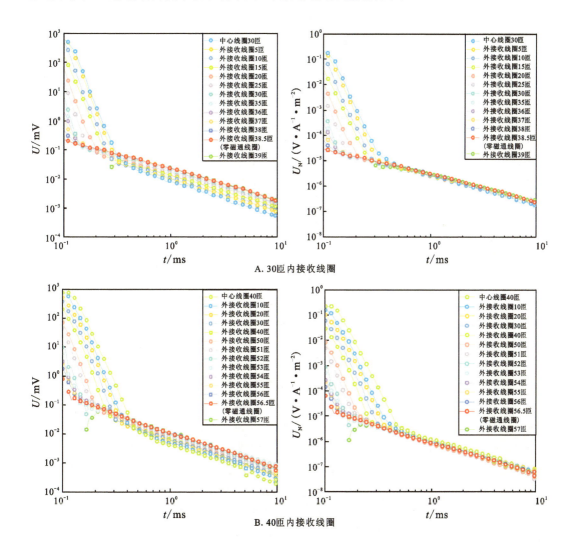

A. 30匝内接收线圈

B. 40匝内接收线圈

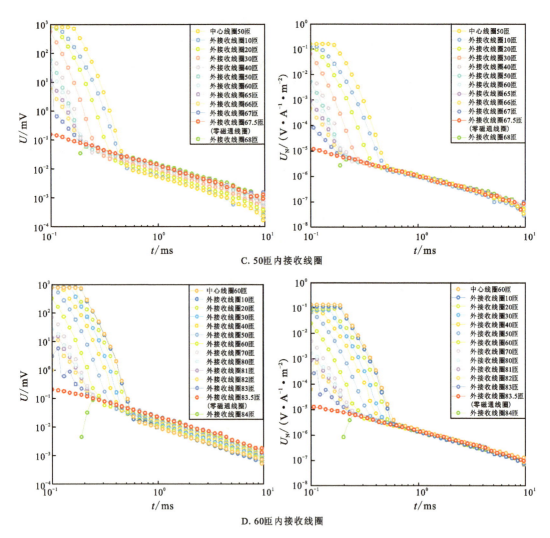

图 4-30　不同内接收线圈匝数的电压曲线
左.实测值；右.归一化值

图 4-31 给出了当发射频率为 25Hz 时 P_1、P_2 和 P_3 测点处的实测感应电压及其归一化曲线。从图中可见，在 0.1ms 至 10ms 内，中心线圈数据随接收匝数从 60 匝逐渐减小至 20 匝过程中，瞬变电磁场的有效分辨时间约从 0.7ms 减小至 0.16ms，实测电压幅值同步降低，但一次磁场影响始终存在。内接收线圈匝数为 30 匝、40 匝、50 匝和 60 匝的零磁通线圈早延时数据中一次磁场干扰基本得到压制，数据畸变现象不明显，有效分辨时间基本在 0.1ms；随内接收线圈匝数减少，实测电压幅值也同步降低。从实测和归一化曲线可见，接收匝数为 20 匝的中心线圈与不同匝数零磁通线圈的电压数据在早延时段基本一致，说明零磁通线圈早延时数据质量是可靠的，且内接收线圈匝数从 30 匝增加至 60 匝过程中，有效分辨时间无明显后移，早延时段数据仍有较高的质量，这为在保证早延时数据质量前提下，进一步提升晚延时数据质量建立良好基础。

第 4 章 高精度矿用瞬变电磁装备研发

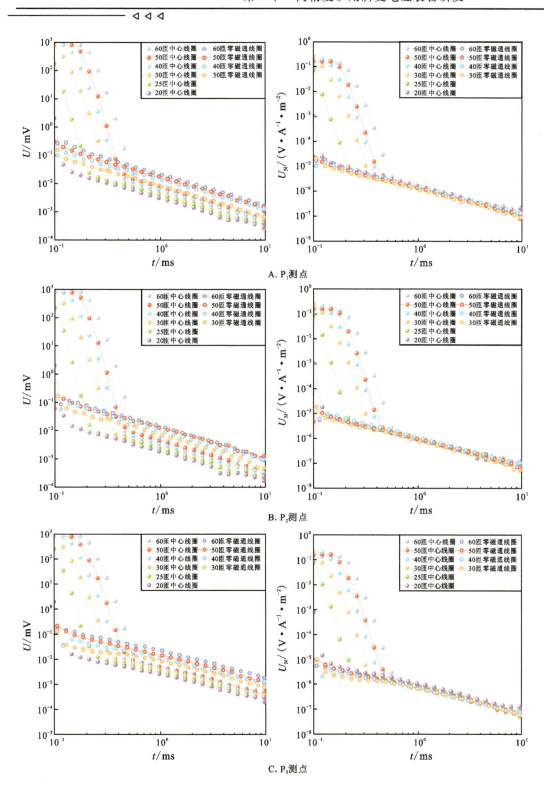

A. P_1 测点

B. P_2 测点

C. P_3 测点

图 4-31 发射频率为 25 Hz 时多测点实测感应电压曲线
左. 实测值；右. 归一化值

图 4-32 给出了发射频率为 5Hz 时 P_1、P_2 和 P_3 测点处的实测感应电压及其归一化曲线。从图中可见，①在 0.1ms 至 10ms 范围，中心线圈和零磁通线圈两种线圈的实测数据特征与发射频率为 25Hz 时一致，电压衰减圆滑、波动小，总体稳定；②在 10ms 至 50ms 范围，接收线圈匝数较少的中心线圈（接收匝数小于 40 匝）数据分布紊乱或衰减斜率明显增大；而对于接收线圈匝数较大的接收线圈（接收匝数在 40 匝以上），其数据衰减正常，但尾部波动较大。以上说明本试验中心线圈的信噪比较低，尤其在接收线圈匝数较少的情况下，其有效的观测时窗较短。与之相比，零磁通线圈数据在该时窗内整体质量较高，尤其在 20ms 至 50ms 段，信噪比明显提高，分析主要为接收线圈包含了内、外两个接收线圈且总接收面积增大所致。此外，随零磁通线圈的内接收线圈匝数增大，该时段数据质量也有相对较大的提升。以上表明，零磁通线圈可在不显著影响早延时数据质量情况下，进一步通过增加匝数提高晚延时数据质量，从而满足探测深度需求。

图 4-33 给出了试验区 P_4 测点钻孔位置的中心线圈和零磁通线圈实测电压及其归一化曲线。其中，中心线圈的接收线圈匝数与零磁通线圈的内接收线圈匝数一致，均为 60 匝，发射频率为 25Hz。从图中可见，零磁通线圈数据整体优于中心线圈数据，既克服了早延时数据受一次磁场干扰而畸变的困难，又提高了中、晚延时段的数据质量。图 4-34 进一步给出了感应电压经曲线偏移处理后的全程视电阻率曲线与钻孔地电信息。从图中钻孔地电信息可知，试验区地层地电类型为 HAAAA 型，浅部 2m 至 10m 段的淤泥质黏土电阻率值约 200Ω·m，为试验区地下导电性最强地层。结合该地层地电条件，通过正演计算获得了试验区的理论视电阻率曲线，其结果较好地反映了淤泥质黏土层的电性特征。与中心线圈视电阻率曲线相比，零磁通线圈获得的视电阻率曲线与正演计算结果吻合度更好，不仅能较好地反映淤泥质黏土层的电性特征，还对浅部 2m 的耕植土有一定响应能力，但晚延时段数据也有一定幅度的波动；而中心线圈获得的视电阻率曲线在早延时段数据畸变，视电阻率值严重偏低，不符合实际，无法反映淤泥质黏土层的电性特征；其晚延时段视电阻率波动也相比零磁通线圈大，信噪比相对较低。此外，3 条视电阻率曲线约在 0.5ms 后基本重合，该时刻对应的视电阻率值约为 380Ω·m。根据视电阻率测深特点，推测该时刻对应的探测深度位于含碎石砂质黏土层以下。以上分析表明，中心线圈的浅部勘探盲区不少于 12m，而零磁通线圈的勘探盲区则小于 2m。

图 4-35 为中心线圈和零磁通线圈在 SL_1 测线的实测感应电压剖面。从图中可见，在 0.1ms 至 0.5ms 段，两种线圈获得的电压数据差异大，基于中心线圈获得的数据存在显著的一次磁场干扰；在 0.5ms 后，两种线圈的剖面响应特征基本一致。图 4-36 进一步给出两种线圈的全程视电阻率剖面。从图中可见，两种线圈的视电阻率剖面特征在晚延时段基本一致，但在早延时段差异大：中心线圈对应的视电阻率值明显偏低，与实际不符，无法分辨地电异常信息；而零磁通线圈获得的视电阻率值与基于钻孔信息计算获得的理论模型有良好的对应关系，从其视电阻率剖面中，可分辨 3 处低阻异常区，分别位于 SL_1 测线水平距离 20~40m 段、100~120m 段和 140~170m 段；经现场调查确认，前 2 处异常区对应埋深 2~3m 的充水管道，第 3 处异常对应地下电缆。以上钻孔及 SL_1 测线探测试验表明了零磁通线圈对早延时数据质量的提升明显且可靠，能够反映浅层地质体的电性变化特征，基本解决了该方法存在浅部勘探盲区的难题，相对常规中心线圈，具有显著的优越性。

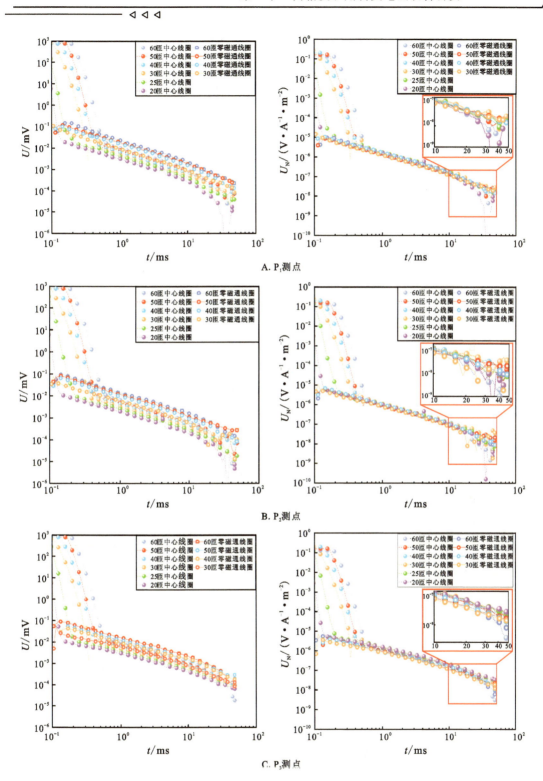

图 4-32 发射频率为 5Hz 时多测点实测感应电压曲线
左.实测值;右.归一化值

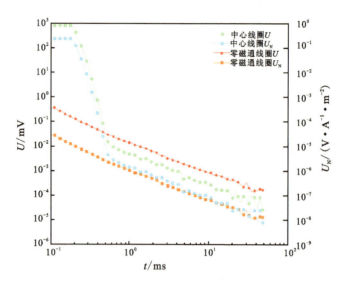

图 4-33 P₄ 测点实测感应电压及其归一化曲线

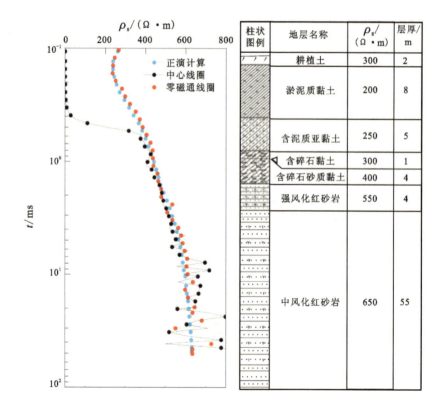

图 4-34 视电阻率曲线与钻孔地电信息对比

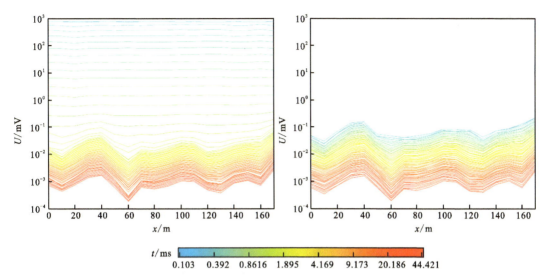

图 4-35 中心线圈与零磁通线圈的实测感应电压剖面
左.中心线圈；右.零磁通线圈

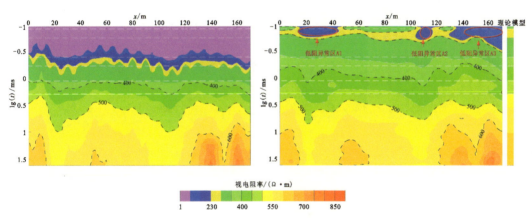

图 4-36 中心线圈与零磁通线圈的视电阻率剖面
左.中心线圈；右.零磁通线圈

综合本小节的研究,可以获得以下认识:①通过仪器记录瞬变电磁场数据的重建与理论分析,揭示了接收系统阻尼系数和收发线圈互感系数对瞬变电磁场观测的影响规律,表明与接收系统暂态过程相比,互感系数对瞬变电磁场有效分辨时间滞后的影响更大;同时指出在控制接收系统阻尼匹配情况下,进一步消除互感是减小勘探盲区的有效途径。②基于发射线圈内、外一次磁场极性相反的特性,建立了共中心零磁通线圈绕制方法;并通过公式推导,给出了其内、外接收线圈匝数比的理论计算方法,从而为零磁通线圈的实际绕制提供了理论依据。③试验结果表明:零磁通线圈中内、外接收线圈匝数比的理论值较为可靠,但因线圈绕制存在误差,实际还需结合线圈实测信号特征进行修正;与中心线圈相比,一次磁场对零磁通线圈测试信号的干扰明显减小,瞬变电磁场有效分辨时间接近发射电流关断时间,有效解决了早延时数据严重畸变的难题;在此基础上,通过增加内、外接收线圈匝数,还可有效提升晚延时数据信噪比;与中心线圈相比,零磁通线圈实测数据对试验区浅层地电信息的响应能力明显增强,勘探盲区大幅减小,反映了零磁通线圈的可靠性和优越性,可为实际探测提供装备支撑。

4.2 软件开发简介

基于前文方法理论研究,设计了坑道瞬变电磁数据分析软件 V 1.0(Roadway Transient Electromagnetic Methods Software V 1.0,RTEM 1.0)。该软件是标准的 Windows 应用程序,用户应熟悉软件系统下各种视窗元素及鼠标键盘操作技巧。软件框架主要由数据显示窗口、菜单栏、工具栏、树视图、状态栏和各种快捷菜单构成(图 4-37)。

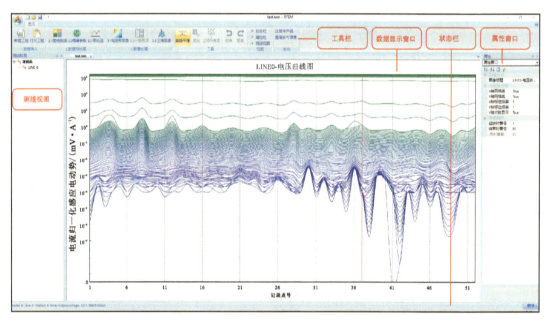

图 4-37 软件界面预览

该软件提供了瞬变电磁探测数据的管理、拆分、重组、测试参数更改、测点坐标的设定、感应电动势数据的平滑、半空间晚期视电阻率计算、半空间阶跃激励场的全程视电阻率计算、半空间非阶跃激励场的全程视电阻率计算、全空间晚期视电阻率计算、全空间阶跃激励场全程视电阻率计算、全空间非阶跃激励场的全程视电阻率计算、半空间视电阻率一维反演、全空间视电阻率一维反演、视电阻率等值成像、反演电阻率等值成像、测线电极坐标三维显示、多种文件导出功能等操作,适用于地面浅层瞬变电磁勘探、坑道瞬变电磁超前探测、地面大线圈源重叠和中心线圈装置的深部探测等,应用领域相对较广,其成像精度可靠。

1. 数据导入与重组

将测得的全程瞬变电磁数据进行导入并解编,解编后得到不同测点测得的感应电压数据,根据实际探测方式的不同,设定不同组别,并设定观测参数,可以得到各个测点的瞬变电磁数据。

设定参数包括线圈中心点坐标、发射线圈垂直分量的方位角及倾角、发射电流强度、发射频率、线框的边长及匝数。当分组并设定好参数后,将出现如图4-38所示的界面,此时软件界面将显示选定数据组的多测道剖面图,可通过测线面板的调节实现分组数据的查看。

序号	记录号	测线号	有效性	RX_X坐标/m	RX_Y坐标/m	RX_Z坐标/m	RX法向方位角/(°)	RX法向倾角/(°)	TX线圈边长/m	TX线圈匝数/匝	RX线圈面积/m²	发射频率/Hz
1	1	0	✓	0.00	0.00	0.00	90.00	0.00	4.74	1	12.80	6.25
2	2	0	✓	5.00	0.00	0.00	90.00	0.00	4.74	1	12.80	6.25
3	3	0	✓	10.00	0.00	0.00	90.00	0.00	4.74	1	12.80	6.25
4	4	0	✓	15.00	0.00	0.00	90.00	0.00	4.74	1	12.80	6.25
5	5	0	✓	20.00	0.00	0.00	90.00	0.00	4.74	1	12.80	6.25
6	6	0	✓	25.00	0.00	0.00	90.00	0.00	4.74	1	12.80	6.25
7	7	0	✓	30.00	0.00	0.00	90.00	0.00	4.74	1	12.80	6.25
8	8	0	✓	35.00	0.00	0.00	90.00	0.00	4.74	1	12.80	6.25
9	9	0	✓	40.00	0.00	0.00	90.00	0.00	4.74	1	12.80	6.25
10	10	0	✓	45.00	0.00	0.00	90.00	0.00	4.74	1	12.80	6.25
11	11	0	✓	50.00	0.00	0.00	90.00	0.00	4.74	1	12.80	6.25
12	12	0	✓	55.00	0.00	0.00	90.00	0.00	4.74	1	12.80	6.25
13	13	0	✓	60.00	0.00	0.00	90.00	0.00	4.74	1	12.80	6.25
14	14	0	✓	65.00	0.00	0.00	90.00	0.00	4.74	1	12.80	6.25
15	15	0	✓	70.00	0.00	0.00	90.00	0.00	4.74	1	12.80	6.25
16	16	0	✓	75.00	0.00	0.00	90.00	0.00	4.74	1	12.80	6.25
17	17	0	✓	80.00	0.00	0.00	90.00	0.00	4.74	1	12.80	6.25
18	18	0	✓	85.00	0.00	0.00	90.00	0.00	4.74	1	12.80	6.25
19	19	0	✓	90.00	0.00	0.00	90.00	0.00	4.74	1	12.80	6.25
20	20	0	✓	95.00	0.00	0.00	90.00	0.00	4.74	1	12.80	6.25
21	21	0	✓	100.00	0.00	0.00	90.00	0.00	4.74	1	12.80	6.25
22	22	0	✓	105.00	0.00	0.00	90.00	0.00	4.74	1	12.80	6.25
23	23	0	✓	110.00	0.00	0.00	90.00	0.00	4.74	1	12.80	6.25
24	24	0	✓	115.00	0.00	0.00	90.00	0.00	4.74	1	12.80	6.25
25	25	0	✓	120.00	0.00	0.00	90.00	0.00	4.74	1	12.80	6.25

图4-38 编辑参数对话框

由于实际观测当中坑道空间条件复杂,采集数据极易受到周围环境影响,因此实际数据在视电阻率成像前,需进行预处理,消除非地质体因素引起的视电阻率异常,用以实现对瞬变电磁测试数据的更改,使数据更符合理论趋势与特征。具体数据处理流程见图4-39。

2. 数据处理

(1)预处理:对原始数据进行预处理,可以将不符合要求的数据进行校正,如图4-40所示。对瞬变电磁测试数据曲线中的局部数据进行筛选,有效数据若被选中,其颜色为红色,示意当前为无效状态;反之,若为无效点,选中则其颜色为蓝色(正常颜色),示意当前为有效状态;可同时对单点或多点进行操作。软件提供自动滤除无效值功能,用于在给定限制条件下对瞬变电磁测试数据体中的不良记录点进行无效处理(图4-41)。其中限定条件选择主要包括:过滤范围(包括起始记录号和结束记录号的选择、起始测道号和结束测道号的选择)、过滤方法(包括过滤方法的选择、比例系数、最大值和最小值的范围等)、数据处理方法

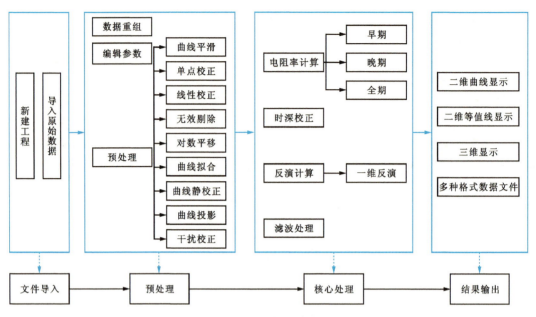

图 4-39 软件处理流程

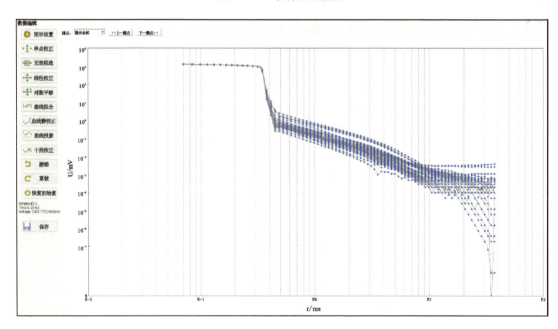

图 4-40 预处理对话框

的选择(包括差值处理和无效处理两种,主要用于剔除实际采集中受干扰较大、数据严重畸变的数据点或测道数据。在剔除无效数据后保留受干扰较小的测道数据进行下一步处理)。

(2)图形设置:用于当前视图中瞬变电磁数据的显示功能窗口,主要包括当前线、背景线、当前点和背景点的颜色显示设置。此外还允许对显示曲线的数据和序号进行设置;能够对比不同测点间的实测感应电压差异。

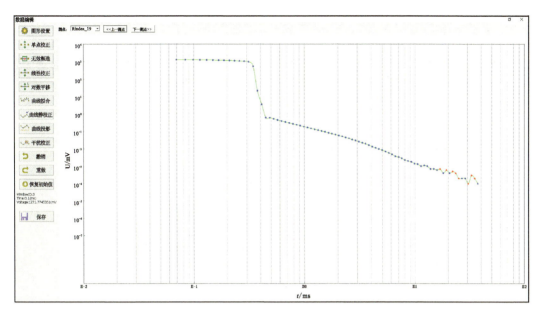

图 4-41 预处理——滤除无效值

(3) 测道数据移动:用于对瞬变电磁测试数据曲线中的畸变数据进行修正的功能。例如在常规坑道瞬变电磁探测极易受坑道内金属支护干扰,造成数据畸变,并且由于探测方位的不同,实际探测中线圈与围岩界面并不完全耦合,将造成数据的平移上升或下降,因此,消除在金属干扰下耦合距离的影响将更易凸显出有效数据,提高瞬变电磁数据的解译精度。

(4) 金属干扰校正:通过选定参考测道,通过系数校正方法,将具有相似特征瞬变电磁数据中受金属干扰而产生畸变的瞬变电磁数据进行校正(图 4-42)。

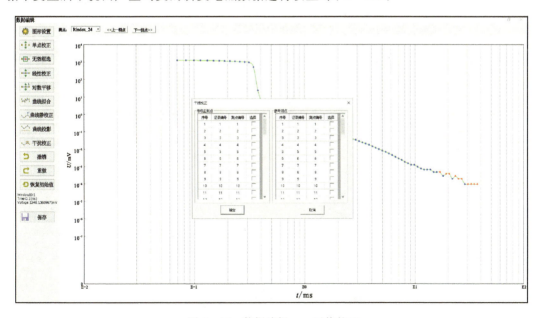

图 4-42 数据编辑——干扰校正

(5)数据平滑方法:用以实现对瞬变电磁畸变数据的平滑,使其更符合理论趋势与特征。包括五点三次平滑、三点重心平滑、三点迭代平滑、三点加权平滑等方式。

(6)电阻率成像:设置计算参数进行视电阻率的计算,如图 4-43 所示。通过选定时窗确定探测范围,并根据实际地层电阻率均值作为初始模型,对实测数据进行视电阻率计算,计算的结果如图 4-44 所示。

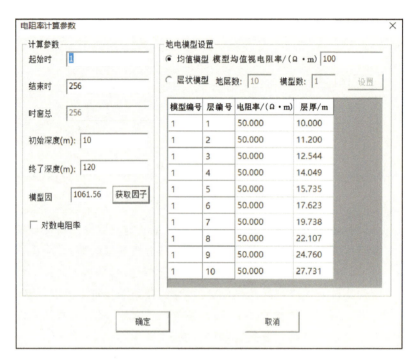

图 4-43 视电阻率计算对话框

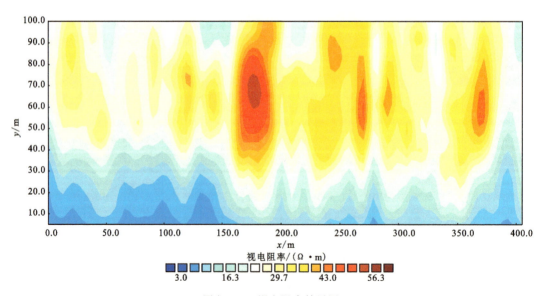

图 4-44 视电阻率结果图

(7)三维成像:设置三维计算参数进行三维成像计算,可预览三维数据点空间分布情况,如图 4-45 所示。

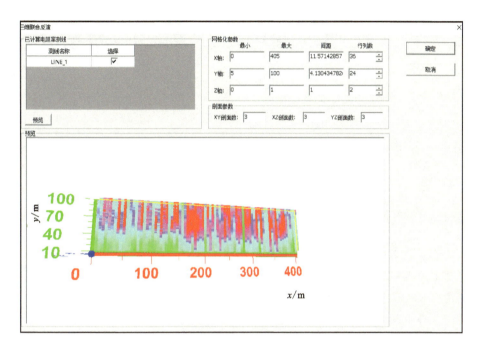

图 4-45 三维成像参数设置对话框

3. 反演方法

由于坑道瞬变电磁场理论的复杂性和多解性,现阶段数据处理和解释水平主要是基于晚期视电阻率反演的定性分析和一维定量反演方法。其中,一维定量反演方法主要有两种解决思路:①烟圈快速反演,这是一种基于视电阻率变换的半定量反演方法,反演速度快,但反演结果受视电阻率定义影响较大,而且不能直接根据反演后的视电阻率和视深度来划分地层。②将非线性函数问题转换为线性化的梯度反演方法,主要有最小二乘算法、共轭梯度算法、Occam 算法等。其中最小二乘法在迭代过程中,校正向量的步长往往较大,当初始值设定合理时,求解过程迭代收敛速度快、稳定性高;但当初始模型设置不合理时,反演结果往往存在多解性或不收敛等问题。最速下降法在搜索极小点时,总是沿着目标函数梯度下降最快的方向进行线性搜索,能够保证迭代计算收敛,但由于步长太小,收敛速率较慢。

RTEM 1.0 主要通过上述研究中烟圈反演及视电阻率叠加方法来获得视电阻率图件。理论计算公式根据实际工作的不同,可分别采用阶跃理论公式、线性关断公式、晚期近似公式进行计算。实际采集过程中由于瞬变电磁线圈参数将被主机自动识别,故可直接将解编后的所有数据进行坐标设定并处理后带入计算进行反演处理,结合前文取得的方法理论成果,RTEM 1.0 视电阻率计算精度大幅度提高,图像可信度增强。

第 5 章　坑道瞬变电磁探测影响因素分析

5.1　金属干扰影响

5.1.1　坑道测试条件

电磁干扰是关系到现场测试信号有效性的重点问题,尤以金属干扰最为突出。井下金属体的干扰通常与坑道支护条件紧密有关,且坑道内金属体类型多样,并无明显规律可循,一直是坑道瞬变电磁探测面临的最为棘手的问题之一。为了深入探究金属干扰的问题,针对坑道掘进工作面瞬变电磁超前探测情况,以分析主要的金属干扰源为锚杆。因此,深入探究锚杆干扰情况对于提高超前探测精度至关重要。数值模拟和物理相似模拟是物探研究的重要手段,因坑道条件下的瞬变电磁场极为复杂,且因锚杆分布体积小等限制,使得数值模拟和物理相似模拟难以高度仿真。为了确保研究成果的适用性,确定选择井下坑道作为试验场地。通过构建与现场条件完全一致的实体模型,采集瞬变电磁场数据,并分析其响应特性。深入认识锚杆瞬变电磁场响应特征及其规律,力求为瞬变电磁超前探测数据采集与校正提供指导,进而提高地质解释精度。

试验选择福建将乐县坑道物探试验基地一号井,以水仓引到巷为测试地点。该坑道顶标高 175m,截面宽 3m,高 4m,两帮为泥岩,较平整,顶、底板分别为砂岩和粉砂岩,属下二叠统童子岩组,海陆交互相含煤沉积。为提高试验结果可靠性,测试前清除坑道内堆积的金属设备、电缆断电及停止周边生产作业等。

5.1.2　瞬变电磁场数据采集

将瞬变电磁线圈法向垂直坑道的一帮并固定,其上、下边分别距离工作面顶板和底板 1m,左、右边距离坑道两端较远。从图 5-1 可见,在均匀介质条件下,法向距离线圈中心为 Z 的水平切面内,线圈激励磁感应强度 B 呈对称分布,因此,选择线圈的 1/8 个扇区作为锚杆响应特征研究范围。

为了模拟线圈周边不同位置且嵌入不同深度的情况,以井下常用外径 $\phi(30\pm0.5)$mm 且长度为 2m 的锚杆为研究对象,在研究范围内施工 18 个锚杆嵌入孔,单孔直径 ϕ36mm,深 2m。其中,1 号～3 号孔位于线圈内部,4 号～6 号孔位于线圈边界;7 号～18 号孔位于线圈

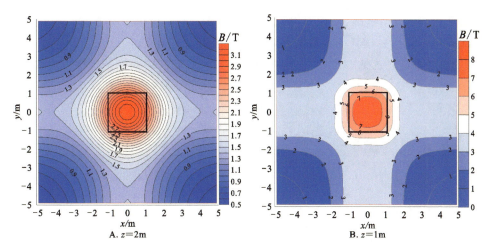

图 5-1　线圈激励场垂直分量的分布

外部。图 5-2 为锚杆布置图，d 表示任意孔至线圈中心的距离。此外，针对每个干扰点，考虑到锚杆可能外露的长度，分别设计外露长度 $L=1.7\text{m}$、1.4m、1.1m、0.8m、0.5m、0.2m 和 0.0m 进行测试。为了便于分析锚杆响应信号，首先在工作面未嵌入锚杆时，采集数据作为瞬变电磁场背景值；其次，针对各锚杆分布点，采集 7 个不同 L 值的锚杆干扰瞬变电磁场数据；最后，按照 18 个孔的排列组合方式，完成 2 根锚杆组合干扰下的瞬变电磁场数据采集。

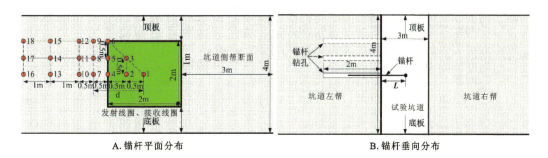

图 5-2　锚杆布置图

5.1.3　单根锚杆干扰场分析

根据试验测试分析，锚杆干扰程度受其自身分布状态影响而不同，主要包括锚杆平面位置分布 (x,y)、出露孔外的长度 L。要定量评价锚杆干扰程度，需确定锚杆的响应幅值，即电流归一化感应电动势 U_I。因测量值 U_I 为感应场的垂直分量，且方向相同，所以各电磁分量信号近似为线性相加关系。此外，在瞬变电磁场的衰减过程中，记录时间 t 不同，也表现出不同的响应值，因此在线圈周边，晚期记录时间 t_i 的锚杆响应幅值 U_I 可以表达为

$$[U_I(x,y,L,t_i)]_{锚杆} = [U_I(x,y,L,t_i)]_{实测} - [U_I(t_i)]_{背景} \quad (5-1)$$

图 5-3 分别为 $L=1.7\text{m}$、1.1m 和 0m 的感应电动势多测道剖面，代表了 3 种井下实际探测时常见的锚杆状态。从图中可见，在线圈内部、边界及外部，响应电动势 U_I 差异明显。

线圈内部及边界处 U_1 值高，线圈外并远离线圈边界，电磁场快速衰减，U_1 响应逐渐较小。13 号孔（$d \geqslant 3\mathrm{m}$）以后的锚杆干扰数据与背景测试信号水平相当，可以认为距离线圈中心 3m 以上，晚期瞬变电磁场的锚杆干扰可忽略。因此，$d \geqslant 3\mathrm{m}$ 范围的锚杆干扰特征需重点分析。

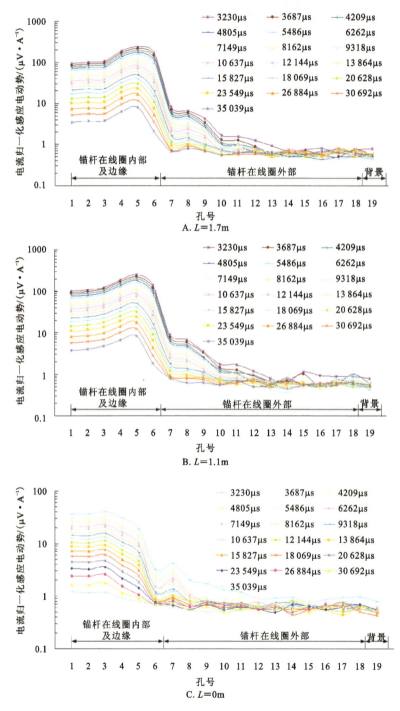

图 5-3　锚杆响应电动势多测道剖面

1. U_I 随 (x,y) 变化的特征关系

为了获得 U_I 随 (x,y) 变化的特征关系,按井下锚杆分布位置,将 1 号~18 号孔转换为 x 和 y 坐标,且定义线圈中心为坐标原点 $(0,0)$,其中,x 沿坑道走向,以线圈右侧为正轴;y 沿坑道顶底板方向,顶板为正轴。据锚杆与线圈的位置关系,将实测锚杆响应值从 1/8 区域拓展到整个线圈区域,以记录 $3230\mu s$ 时刻瞬变电磁场值的分布为例,绘制等值线图加以阐述。

图 5-4 为不同 L 条件下锚杆平面位置 (x,y) 与其瞬变电磁场响应值 U_I 的等值线分布图。从图中可见,不同的 L,U_I 随 (x,y) 变化的分布特征存在较大差异。当 $L \geqslant 0.2\text{m}$ 时,U_I 随 (x,y) 改变,总体分布趋势一致,以线圈中心为圆点、半径为 R 的圆向外递增扩散,且当 $R=1.12\text{m}$ 时,U_I 达到最大,约为 $10^{2.3}\mu\text{V/A}$,其分布范围延展至线圈边界。在边界外侧并远离线圈中心时,U_I 快速衰减,其衰减形态与线圈形状相似;当 $d=\sqrt{x^2+y^2}=1.5\text{m}$ 时,$U_I \approx 10^0 = 1(\mu\text{V/A})$。随着 d 的增大,U_I 逐渐减小,最终为 $0\mu\text{V/A}$。当 $L=0\text{m}$ 时,U_I 响应趋势与 $L \geqslant 0.2\text{m}$ 的情况有所不同。首先,在线圈中心点幅值最大,约为 $10^{1.5}\mu\text{V/A}$;其次,从

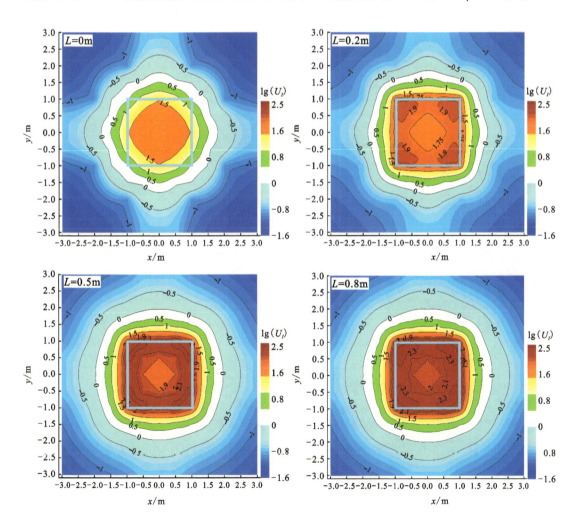

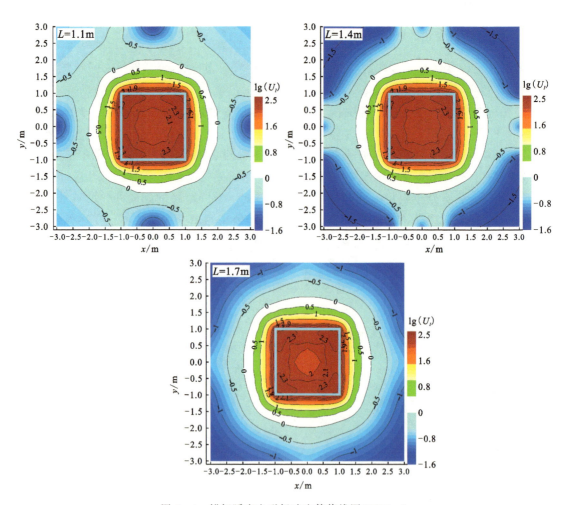

图 5-4 锚杆瞬变电磁场响应等值线图（3230μs）

中心扩展至线圈外侧，幅值保持衰减状态，其形态为圆形，与线圈形状不同。但总体而言，其强弱干扰的分布范围基本与 $L \geqslant 0.2\text{m}$ 时的一致。因此，分析确定锚杆在坐标为（$-1.5\text{mm} \leqslant x \leqslant 1.5\text{mm}$，$-1.5\text{mm} \leqslant y \leqslant 1.5\text{mm}$）范围时，有强干扰；而坐标（$1.5\text{mm} \leqslant |x| \leqslant 3\text{mm}$，$1.5\text{mm} \leqslant |y| \leqslant 3\text{mm}$）为锚杆弱干扰范围。

2. U_I 随 L 变化的特征关系

从 U_I 与 (x,y) 关系的分析可以看出，不同 L 引起锚杆干扰幅值 U_I 及其随时间 t 延迟的衰减趋势不同。为表明 U_I 与 L 的特征关系，选择线圈中心（图5-5A）、边界（图5-5B）和外部（图5-5C）3处 U_I 随 L 变化的响应情况加以分析。从图中可见，3个不同位置处具有相似的变化规律，即当 $L=0\text{m}$ 时，U_I 最小；随 L 变大，U_I 上升，至1.4m，U_I 达到最大；L 继续增大，U_I 略微下降。但随 L 在 0m 至 1.7m 之间变化，U_I 在3个区域上升或下降幅度不等。在3230μs时刻，以上述3处的 U_I 随 L 的变化特征为例，对线圈内部、边界及外部 U_I 值变化情况加以描述。

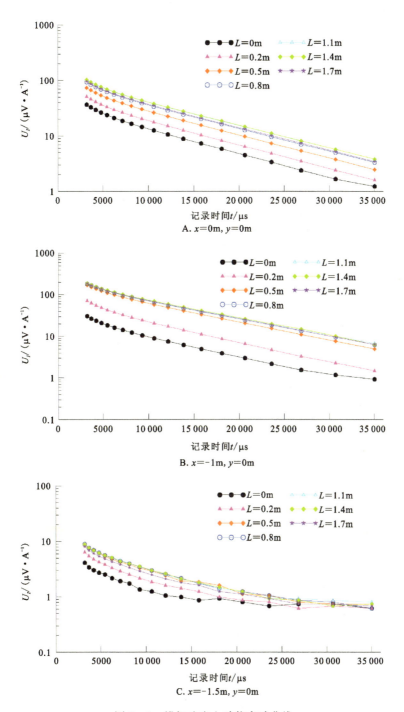

图 5-5 锚杆响应电动势衰减曲线

从图 5-6 可见,当 $L=0.0\sim0.5\mathrm{m}$ 时,线圈边界 U_I 值呈直线上升,而在线圈内部和外部上升得相对缓慢;当 L 从 0.5m 增大至 1.4m,U_I 值均缓慢上升;当 $L=1.7\mathrm{m}$ 时,U_I 值缓慢下降。总而言之,当 L 从 0 增大至 0.5m,锚杆响应 U_I 值上升快,为 U_I 值响应敏感范围,其中锚杆位于线圈边界处,U_I 上升最快;0.5m 以后,随 L 增大,U_I 变化很小,相对不敏感。

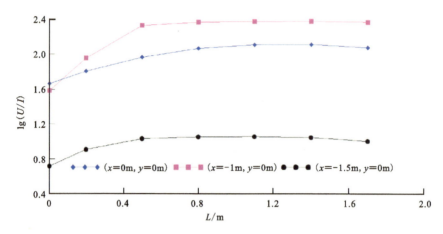

图 5-6　锚杆响应 U_I 随 L 改变的变化趋势

5.1.4　两根锚杆干扰场分析

井巷瞬变电磁实际探测时,在线圈周边存在两根及以上的锚杆干扰是常见的。井下实验完成了多种两根锚杆组合干扰的情况,在对一根锚杆干扰分析的基础上,获得了具有一定规律的特征关系。为便于对比分析不同状态下的锚杆组合响应特征,限于篇幅,此处根据其组合关系给出部分测试数据加以说明。

表 5-1 为一根锚杆的瞬变电磁场响应值。从中将空间状态为 ($x=0$m, $y=0$m, $L=0$m) 的锚杆分别与空间状态为 ($x=-0.5$m, $y=0$m, $L=1.1$m)、($x=-1$m, $y=0$m, $L=1.1$m) 及 ($x=-0.5$m, $y=0.5$m, $L=1.1$m) 的锚杆进行组合,然后将两根锚杆单独引起的瞬变电磁场值进行线性相加[式(5-2)],然后与两根锚杆组合干扰下的实测值(U_I)实测值进行比较分析。

表 5-1　单根锚杆瞬变电磁场响应值

时间 $t/\mu s$	瞬变电磁场响应值$(U_I)_{(x,y,L)}/(\mu V \cdot A^{-1})$			
	(0,0,0)	(-0.5,0,1.1)	(-1,0,1.1)	(-0.5,0.5,1.1)
3230	36.72	109.89	188.97	125.05
3687	32.85	99.42	170.80	113.37
4209	29.47	90.17	154.42	102.75
4805	26.46	81.60	139.28	93.13
5486	23.76	73.72	125.32	84.01
6262	21.18	66.26	112.47	75.64

续表 5-1

时间 $t/\mu s$	瞬变电磁场响应值 $(U_I)_{(x,y,L)}/(\mu V \cdot A^{-1})$			
	(0,0,0)	(−0.5,0,1.1)	(−1,0,1.1)	(−0.5,0.5,1.1)
7149	18.79	59.23	100.29	67.71
8162	16.58	52.76	88.98	60.28
9318	14.49	46.53	78.17	53.15
10 637	12.53	40.62	68.04	46.47
12 144	10.68	34.95	58.40	40.04
13 864	8.90	29.58	49.31	33.92
15 827	7.31	24.53	40.78	28.17
18 069	5.83	19.85	33.00	22.80
20 628	4.48	15.59	25.89	17.99
23 549	3.38	11.90	19.65	13.68
26 884	2.39	8.69	14.40	10.06
30 692	1.66	6.16	10.13	7.12
35 039	1.23	4.13	6.80	4.81

$$(U_I)_{\text{叠加值}} = (U_I)_{(x_1,y_1,L_1)} + (U_I)_{(x_2,y_2,L_2)} \tag{5-2}$$

表 5-2～表 5-4 分别给出了 3 种不同锚杆组合情况下实测值与叠加值的比较结果。从各表中可见：

(1) (U_I) 实测值与 (U_I) 叠加值在记录时间 3230～35 039 μs 段，两者的比值基本在 0.93～1.00 之间变动，其中尾部测试信号略微偏离 1.00，分析由瞬变电磁场数据采集过程中存在环境电磁噪声以及仪器本底噪声等影响而导致尾部实测数据信噪比下降引起，因此，在忽略电磁噪声情况下，可近似认为

$$(U_I)_{\text{实测值}} \approx (U_I)_{\text{叠加值}} \tag{5-3}$$

(2) 通过实测值与叠加值的比较，笔者认为可根据式(5-3)近似计算线圈周边干扰区内任意两根锚杆的组合响应，这为两根锚杆条件下受锚杆干扰的数据校正提供了一定的可循规律。

通过对井下锚杆实体模型实验分析，可以得出以下结论：①锚杆对坑道瞬变电磁超前探测有干扰，其干扰程度及特征主要由锚杆自身所处的空间状态 (x,y,L) 决定。②测试数据表明，锚杆的最大干扰距离 $d=3m$。大于该距离，锚杆干扰可忽略。在该距离之内，当 $1.5m < d \leq 3m$ 时，干扰较弱；而当 $0m \leq d \leq 1.5m$，U_I 大幅提高，干扰较强，其中从线圈的中心向边界呈圆形线性递增，从线圈边界向外侧呈方形指数下降，在线圈边界处最大，可达 $10^{2.3} \mu V/A$。而且锚杆响应还与锚杆的外露长度 L 有一定的规律：当 $L=0m$ 时，干扰最小；当 $L=1.4m$ 时，干扰最大；当 L 从 $0m$ 增大至 $0.5m$ 时，干扰信号幅值提升较快，而当 L 从

0.5m 增大至 1.7m 时,干扰基本处于最强状态。③根据锚杆的干扰规律,现场数据采集时应尽可能移动线圈,避免使工作面上锚杆分布在距离线圈的中心 1.5m 范围以内,如果不能避免,应首先移动线圈使锚杆位于线圈的外侧,其次为线圈的中心,最后是线圈的边界,如此可降低锚杆的响应,进一步降低锚杆的干扰。④当锚杆分布在距离线圈的中心 3m 以内时,在锚杆数小于两根的条件下,可采用式(5-3)获得锚杆的组合响应,然后用坑道实测数据减去锚杆响应,实现干扰剔除。但前提是需通过上述锚杆实验获得单根锚杆响应数据,建立数据库,并使现场测试设备及参数与实验相同方可应用。一般情况下,坑道瞬变电磁场采集重点关注工作面中心位置的数据,而在该点附近锚杆一般分布较少,因此,上述实验结果一定程度上可满足简单条件下的需求,现场需详细记录锚杆的空间状态参数。⑤当线圈干扰区内锚杆分布较多时,式(5-3)不能直接套用,干扰剔除需进一步实验研究。

表 5-2 组合 1 实测值与叠加值的比较

时间 $t/\mu s$	锚杆 1 状态(0,0,0)和锚杆 2 状态(-0.5,0,1.1)		
	$(U_1)_{实测值}/(\mu V \cdot A^{-1})$	$(U_1)_{叠加值}/(\mu V \cdot A^{-1})$	$(U_1)_{实测值}/(U_1)_{叠加值}$
3230	144.37	146.61	0.98
3687	130.80	132.26	0.99
4209	118.19	119.64	0.99
4805	106.73	108.07	0.99
5486	96.48	97.48	0.99
6262	86.48	87.44	0.99
7149	77.12	78.02	0.99
8162	68.27	69.34	0.98
9318	60.24	61.02	0.99
10 637	52.41	53.14	0.99
12 144	45.15	45.63	0.99
13 864	38.21	38.49	0.99
15 827	31.33	31.84	0.98
18 069	25.41	25.68	0.99
20 628	20.00	20.08	1.00
23 549	15.03	15.27	0.98
26 884	10.83	11.08	0.98
30 692	7.58	7.82	0.97
35 039	4.97	5.36	0.93

第5章 坑道瞬变电磁探测影响因素分析

表5-3 组合2实测值与叠加值的比较

时间 $t/\mu s$	锚杆1状态(0,0,0)和锚杆2状态(-1,0,1.1)		
	$(U_1)_{实测值}/(\mu V \cdot A^{-1})$	$(U_1)_{叠加值}/(\mu V \cdot A^{-1})$	$(U_1)_{实测值}/(U_1)_{叠加值}$
3230	219.22	225.69	0.97
3687	198.23	203.65	0.97
4209	179.28	183.89	0.97
4805	161.54	165.75	0.97
5486	145.34	149.08	0.97
6262	130.15	133.65	0.97
7149	116.05	119.08	0.97
8162	102.78	105.56	0.97
9318	90.34	92.66	0.97
10 637	78.54	80.56	0.97
12 144	67.25	69.08	0.97
13 864	56.66	58.21	0.97
15 827	46.89	48.09	0.98
18 069	37.64	38.83	0.97
20 628	29.54	30.37	0.97
23 549	22.39	23.03	0.97
26 884	16.40	16.79	0.98
30 692	11.42	11.79	0.97
35 039	7.66	8.03	0.95

表5-4 组合3实测值与叠加值的比较

时间 $t/\mu s$	锚杆1状态(0,0,0)和锚杆2状态(-0.5,0.5,1.1)		
	$(U_1)_{实测值}/(\mu V \cdot A^{-1})$	$(U_1)_{叠加值}/(\mu V \cdot A^{-1})$	$(U_1)_{实测值}/(U_1)_{叠加值}$
3230	159.53	161.76	0.99
3687	144.45	146.21	0.99
4209	130.90	132.22	0.99
4805	118.31	119.59	0.99
5486	106.67	107.77	0.99
6262	95.87	96.82	0.99
7149	85.65	86.50	0.99

续表 5-4

时间 $t/\mu s$	锚杆 1 状态 (0,0,0) 和锚杆 2 状态 (-0.5,0.5,1.1)		
	$(U_I)_{实测值}/(\mu V \cdot A^{-1})$	$(U_I)_{叠加值}/(\mu V \cdot A^{-1})$	$(U_I)_{实测值}/(U_I)_{叠加值}$
8162	76.12	76.85	0.99
9318	66.98	67.64	0.99
10 637	58.35	59.00	0.99
12 144	50.11	50.72	0.99
13 864	42.38	42.82	0.99
15 827	35.03	35.48	0.99
18 069	28.25	28.63	0.99
20 628	22.18	22.47	0.99
23 549	16.87	17.06	0.99
26 884	12.34	12.45	0.99
30 692	8.63	8.78	0.98
35 039	5.75	6.04	0.95

5.2 线圈耦合距对坑道瞬变电磁场的影响

大量实践表明,受坑道空间及测试条件限制,线圈与坑道围岩之间存在不同的耦合状态,即线圈至坑道围岩表面的法向距离(耦合距)不等,导致不同测点之间的瞬变电磁场响应幅值及衰减规律存在差异,尤其是当坑道内存在金属支护情况下,这种差异会被进一步放大,从而影响视电阻率成像效果,降低对围岩富水异常区的判定精度。而目前针对耦合距对坑道瞬变电磁场的影响与校正方法的相关研究尚未有文献报道。为此,针对坑道瞬变电磁实际探测条件,首先基于数值仿真技术研究不同耦合距条件下的瞬变电磁场响应特征,然后据此提出一种消除线圈耦合影响的数据校正方法,并采用数值模拟、现场试验等手段验证该方法的有效性和可靠性,力求改善坑道瞬变电磁法实际探测效果,为矿山水害防治提供更有力的技术支撑。

5.2.1 模拟方法及模型构建

为研究耦合距对瞬变电磁场的影响,采用 Comsol 软件仿真瞬变电磁场数据。该软件是通过有限元法求解偏微分方程并设置无限元域边界,来获得物理场数据,目前已广泛用于地球物理模型正演,模拟流程较为成熟。

令在均匀介质(电阻率为 ρ)中设定模拟空间尺寸为 $500m \times 500m \times 500m$,其中内部求解域为450m×450m×450m,在其外围设置8层无限元域,厚度为25m。在空间中心布置尺寸为250m×4m×4m的坑道,在坑道掘进面布置边长为2m的方形发射线圈。考虑实际坑道支护条件存在差异,设定两类模型,分别为坑道内无金属支护类模型(E类)和有金属支护类模型(M类)。与E类模型相比,M类模型在掘进工作面后方增设了U型钢结构(其材料选用Comsol自带的"铁"),具体尺寸见图5-7。令线圈法向与坑道走向的夹角为探测方位α,见图5-8。各模型在不同电性及探测方位下的参数见表5-5。令沿线圈中心法向至线圈全耦合状态的距离定义为耦合距h,其中$h=0$m代表线圈处于全耦合状态,即线圈紧贴围岩时的摆放位置。模拟时采用极细非结构型网格划分,同时对金属结构进行网格加密(图5-9)。为验证上述网格、边界等参数设置对瞬变电磁场计算精度,以全空间均匀介质(电阻率为1000Ω·m)为例,将Comsol计算的数值解与解析解进行对比。图5-10表明,解析解与数值解之间的相对误差≤0.5%,说明相关参数设置符合精度要求,为后续瞬变电磁场模拟奠定了良好基础。

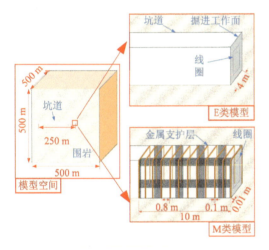

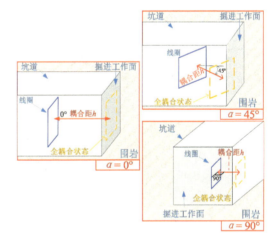

图5-7 模拟空间示意图　　　　　　　　图5-8 坑道观测布置

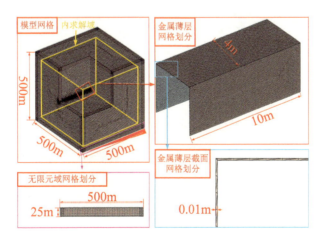

图5-9 模型网格划分

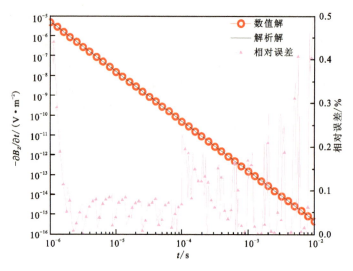

图 5-10 解析解与数值解及其相对误差

表 5-5 仿真模型参数

模型类别	模型编号	围岩电阻率 $\rho/(\Omega \cdot m)$	探测方位 $\alpha/(°)$
E	E1	10^1	0
	E2	10^2	0
	E3	10^3	0
	E4	10^1	45
	E5	10^2	45
	E6	10^3	45
	E7	10^1	90
	E8	10^2	90
	E9	10^3	90
M	M1	10^1	0
	M2	10^2	0
	M3	10^3	0
	M4	10^1	45
	M5	10^2	45
	M6	10^3	45
	M7	10^1	90
	M8	10^2	90
	M9	10^3	90

5.2.2 耦合距影响分析

1. E 类模型的瞬变电磁场响应

图 5-11 为基于 E 类模型获得的归一化感应电压曲线。从图中可见,在 9 个模型(E1~

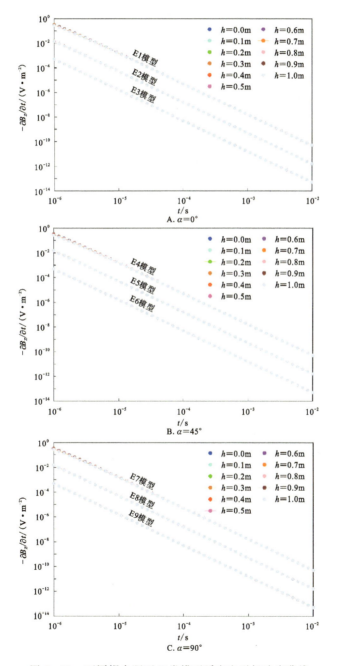

图 5-11 不同耦合距下 E 类模型瞬变电磁场响应曲线

E9)中同一探测方位同一围岩电阻率条件下,不同耦合距对应的归一化感应电压曲线几乎重合,说明耦合距引起的感应电压幅值及其衰减规律差异小。为准确评价不同耦合距对应的感应电压差异,定义影响因子 P 为

$$P = |(V_0 - V_h)/V_0| \times 100\% \qquad (5-4)$$

式中:V_0 和 V_h 分别是 $h=0\mathrm{m}$ 和 $h \neq 0\mathrm{m}$ 时的感应电压数据。

图 5-12 给出了 E 类模型对应的影响因子。从图中可见,①在 E1 至 E9 模型中,10ms 内 P 值随耦合距增大而增大,说明随线圈耦合距增大,感应电压受其影响越大。②E1~E9 模型的 P 值在双对数坐标系下均呈线性衰减,说明耦合距对感应电压的影响随时间延迟而快速减小,仅在早期有较大的 P 值。若以 1% 作为耦合距对感应电压的影响阈值,则相同 α 时阈值对应的时间 $t(\rho=10\Omega \cdot \mathrm{m}) > t(\rho=100\Omega \cdot \mathrm{m}) > t(\rho=1000\Omega \cdot \mathrm{m})$,反映围岩电阻率越大,影响时间越早;与低阻围岩相比,高阻围岩情况下耦合距对感应电压的影响更小。③对比各模型的 P 值曲线可见,在 $\rho > 10\Omega \cdot \mathrm{m}$ 时,最大影响时间为 0.036 3ms(图 5-12D),而仪器实测感应电压因一次磁场干扰,瞬变电磁场有效分辨时间在此时刻之后,说明在无金属支护的坑道内,耦合距对瞬变电磁场观测的影响基本可以忽略。

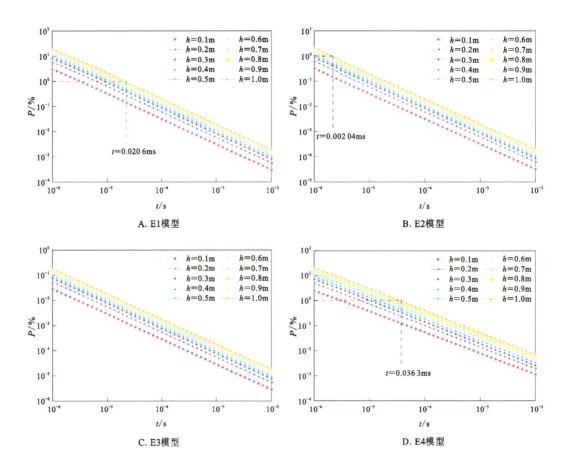

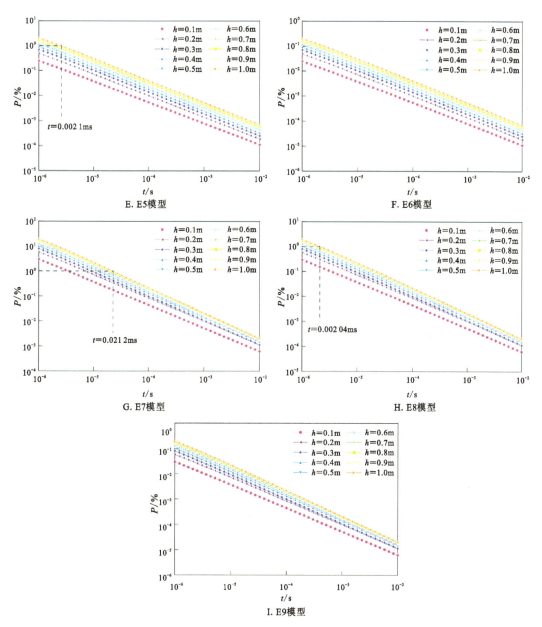

图 5-12 E 类模型对应的影响因子曲线

2. M 类模型的瞬变电磁场响应

实际大多数坑道内瞬变电磁场响应受金属支护干扰较大。图 5-13 给出了 $h=0$ m 时坑道内有、无金属支护的归一化感应电压。对比可见，①M 类和 E 类模型的电压差异较大，尤其是早期，前者的电压幅值高，且曲线存在明显拐点，拐点时刻（t_g）前曲线无明显规律；而 t_g 之后，两类模型电压衰减趋势相似，但幅值不等，说明 t_g 前，瞬变电磁场受金属影响显著。

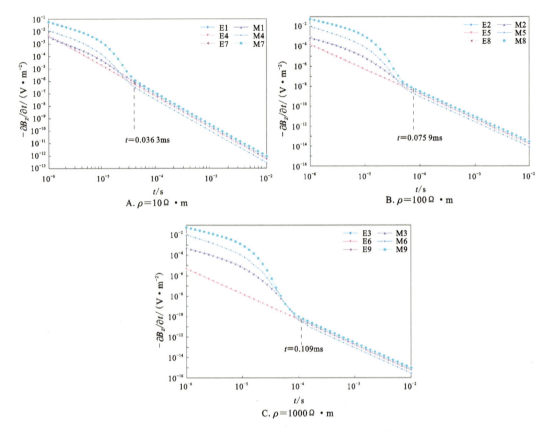

图 5-13 E 类和 M 类模型的瞬变电磁场响应曲线

② 在相同电阻率的情况下,M 类模型的曲线 t_g 随 α 改变小,但其电压幅值随 α 增大而显著增大。与 α 不同,ρ 对拐点时间影响大,如 ρ 分别为 10Ω·m、100Ω·m 和 1000Ω·m 时,对应的 t_g 分别为 0.036 3ms、0.075 9ms 和 0.109 0ms,说明瞬变电磁场受金属显著影响的时间因围岩电阻率增大而延长。以上分析反映坑道有金属和无金属支护时,瞬变电磁场的衰减特征差异大。

图 5-14 给出了 M 类模型在不同耦合距下的归一化感应电压及其影响因子。从图中可见,① 各模型在不同耦合距时的电压曲线存在差异,相比于 α 为 45°(图 5-14D)和 90°(图 5-14E)时,α 为 0°时(图 5-14A~C),不同耦合距的电压曲线差异大。② 当耦合距不同时,各模型的 P 值随时间延迟几乎不变,但随耦合距增大而增大。从表 5-6 中 M1 至 M3 模型的 P 值对比可知,相同耦合距时,围岩电阻率对影响因子的改变较小。M3、M6 和 M9 的 P 值对比表明,相同耦合距时,探测方位对影响因子的改变较大,总体为 $P(\alpha=0°)>P(\alpha=45°)>P(\alpha=90°)$,说明 $\alpha=0°$ 时瞬变电磁场受耦合距的影响最大。图 5-15 进一步显示,$P(\alpha=90°)$、$P(\alpha=45°)$ 和 $P(\alpha=0°)$ 的上升速度随耦合距增大而增大,说明 $\alpha=0°$ 时瞬变电磁场对耦合距的变化更敏感。以上表明坑道内存在金属支护时,耦合距对瞬变电磁场的影响大,不能忽略。

第 5 章 坑道瞬变电磁探测影响因素分析

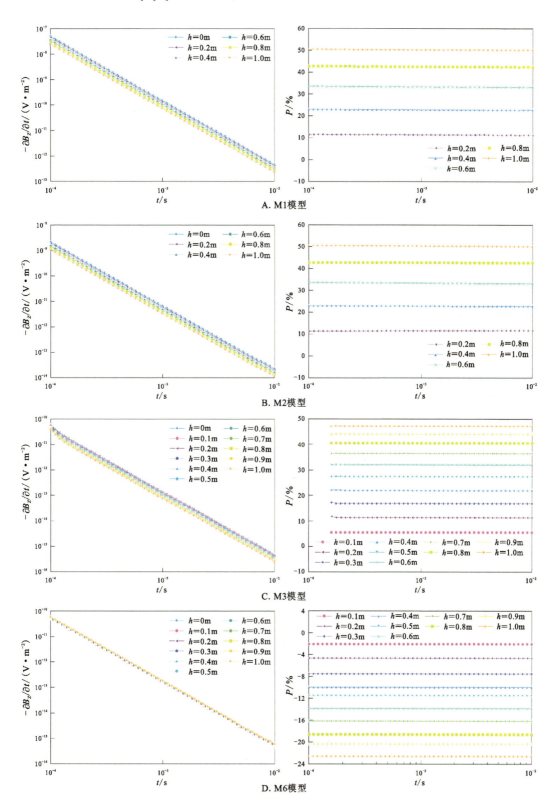

A. M1模型

B. M2模型

C. M3模型

D. M6模型

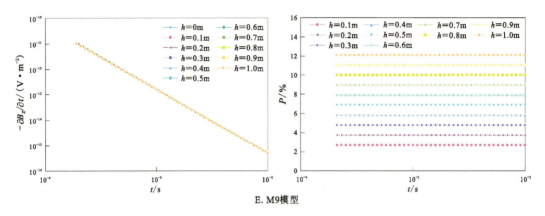

E. M9模型

图 5-14 不同耦合距下 M 类模型感应电压(左)及其影响因子(右)曲线

表 5-6 不同耦合距时各模型的平均影响因子

模型编号	P/%				
	$h=0.2$m	$h=0.4$m	$h=0.6$m	$h=0.8$m	$h=1.0$m
M1	11.52	22.76	33.60	42.77	50.48
M2	11.63	22.93	33.38	42.67	50.27
M3	11.34	22.08	32.06	40.49	47.23
M6	05.47	10.56	14.34	19.13	22.56
M9	03.75	05.84	07.93	10.03	12.12

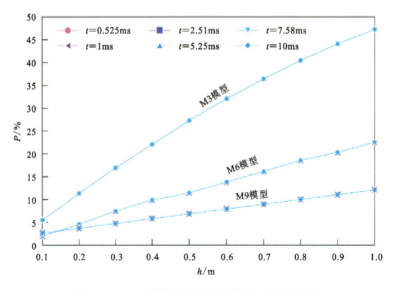

图 5-15 M 类模型影响因子随耦合距变化曲线

图 5-16 给出了 M1、M2、M3、M6 和 M9 模型归一化电压在 t_g 之后(不同模型拐点时间不等,此处统一以 0.000 1s 为起点)的多测道剖面,并以各测道的平均值形成平均电压曲线,将各曲线与其做相关分析,得相关系数 δ(图中洋红色线)。从图中可见,①同一 α 的不同模型多测道剖面之间存在显著的台阶,由 ρ 不同所致;不同模型在 ρ 相同时,其多测道剖面的台阶较小,但随 h 的变化特征有所差异,如当 α 为 0°和 90°时,电压幅值随 h 增大而略有降低,而当 $\alpha=45°$ 时电压幅值随 h 增大则略有上升。②所有曲线的 δ 值均趋向于 1,说明单对数坐标系下各曲线相互平行。

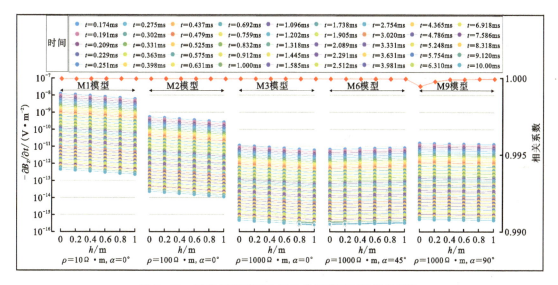

图 5-16 M 类模型感应电压的多测道剖面及相关系数

5.2.3 平移校正方法

考虑到实际坑道普遍存在金属支护,因观测条件限制而导致存在的耦合距对瞬变电磁场响应幅值的影响不可忽略。为此,此处结合前文耦合距对 M 类模型瞬变电磁场响应的影响特征,提出晚期瞬变电磁场数据平移校正方法,消除耦合距差异对瞬变电磁场数据解译精度的影响。具体方法是:①明确实测感应电压曲线拐点,剔除受金属显著影响的感应电压测道及尾部质量差的数据,选定测道范围(m_1,m_2);②以坑道掘进工作面正前方耦合距最小的测点数据为参考,将其余实测数据中选定测道的数据与其进行相关运算,设定相关系数阈值 C(一般要求 $C \geqslant 0.9$),筛选相关系数 $\delta \geqslant C$ 的测点数据,对各测点数据按式(5-5)进行校正。

$$V'(t_i,n) = V(t_i,n) \times \frac{1}{m}\sum_{i=1}^{m}\frac{V(t_i,n)}{V(t_i,n_0)} \quad (5-5)$$

式中:$V'(t_i,n)$ 为第 n 号测点 t_i 时刻校正后数据;$V(t_i,n)$ 为第 n 号测点 t_i 时刻校正前数据;$m=m_2-m_1$;$V(t_i,n_0)$ 为参考点 t_i 时刻数据。

通过上述步骤,可将两条具有平行特性的感应电压曲线整体平移至重合,实测待校正拐点时刻后的数据经校正则具有同等耦合条件,以此消除不同测点因线圈耦合距不等带来的影响,具体流程见图 5-17。

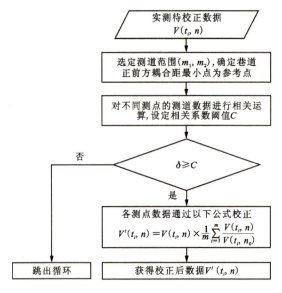

图 5-17 校正方法流程图

5.2.4 可靠性验证

1. 数值验证

为从理论上验证该方法的有效性,此处以 M3 模型为基础,在坑道掘进工作面前方 50m 处构建一个半径为 10m 且电阻率为 1Ω·m 的低阻球体模型,并设置 P_1 至 P_{13} 共 13 个不同探测方位的测点(图 5-18)。对应的耦合距随机设置为 0.9m、0.8m、0.7m、0.6m、0.7m、0.8m、0.9m、0.7m、0.6m、0.5m、0.4m、0.3m、0.2m。

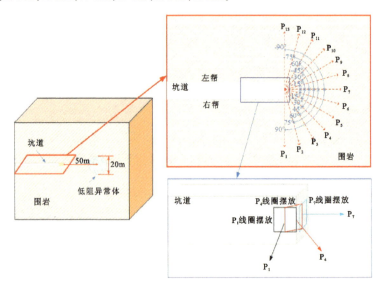

图 5-18 坑道掘进工作面前方低阻异常模型示意图

图 5-19 给出了平移校正前后的感应电压多测道剖面。从图中可见,校正前不同探测方位的感应电压幅值存在显著差异。其中左帮的幅值相对高,正前方探测方向幅值最低;右帮的幅值则呈现高—低—高的变化趋势,但整体在对数坐标下呈线性变化。这说明耦合距差异影响相对较大,各探测方位的感应电压曲线之间有平行特性。经平移校正后,从左帮到右帮,电压幅值变化相对稳定,正前幅值最高,两帮则表现相对较低,符合正前方存在低阻球体时的瞬变电磁场响应特征。

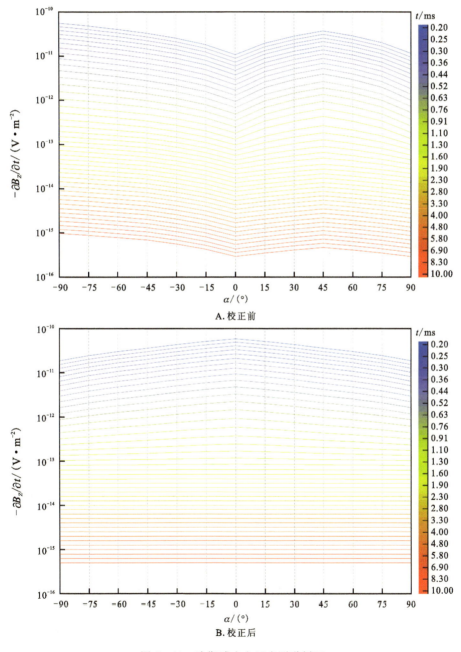

图 5-19 晚期感应电压多测道剖面

为对比校正前后视电阻率响应结果,进一步基于二分搜索法计算视电阻率,其结果见图 5-20。从图中可见,未校正时的视电阻率低阻异常集中在坑道掘进工作面前方两侧(图 5-20A),而经过校正后的视电阻率图中低阻区集中于坑道掘进工作面正前方(图 5-20B),说明校正后的视电阻率测试结果能更好地反映低阻球体的空间位置。

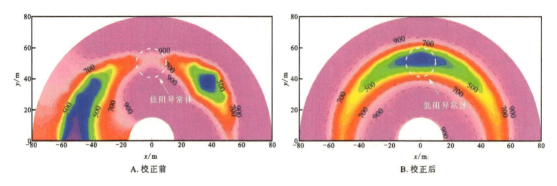

图 5-20 校正前后视电阻率计算结果图

2. 现场验证

某矿在掘进过程中出现滴淋水,为确保坑道安全掘进,现场采用坑道瞬变电磁法开展了超前探测工作。现场探测在坑道掘进工作面按图 5-18 布置测点,坑道两帮有锚网、锚杆支护,掘进面无金属支护。因现场存在岩块突起,线圈无法完全贴合围岩表面,不同探测方位存在不等的耦合距,其中最大耦合距约为 1m。

现场探测前,首先针对 0°、45°和 90°测点开展了耦合距影响试验。图 5-21 为上述 3 个角度观测点在不同耦合条件下校正前后的感应电动势曲线(已去除拐点前数据)。从图中可见,校正前不同耦合距的感应电动势曲线平行性良好,极少量数据因现场电磁噪声,出现小幅度波动,但不改变曲线衰减规律;采用瞬变电磁场晚期数据平移校正方法校正后的实测电动势曲线基本重合,表明不同耦合条件下实测感应电动势存在良好的平行关系,通过平移校正方法可较好地降低耦合距带来的影响。

图 5-22 给出了实测感应电压校正前后的多测道剖面。从图中可见,校正前,不同探测方位的感应电压幅值差异较大,总体表现出右帮幅值高,左帮幅值相对较低,结合现场探测记录,可以确定幅值差异与线圈耦合密切相关。以 0°方向数据为参考,对各测点数据进行平移校正并进行适当圆滑滤波。经校正后,各测道相对平滑且差异程度相对减小。

图 5-23 进一步给出了实测数据校正前后的视电阻率剖面。其中校正前剖面中坑道右帮方向显示低阻异常,正前方 80m 后视电阻率有降低趋势;而校正后剖面中坑道掘进工作面正前方 35m 后显示相对低阻异常,其余探测区域均表现相对高阻。由此可见,校正前后的探测结果存在较大差异。随矿方后续掘进揭露,在坑道掘进工作面前方 38m 至 79m 段顶板存在显著的淋水现象,说明经耦合距校正后的测试结果得到改善,佐证了平移校正方法的可靠性。

第 5 章　坑道瞬变电磁探测影响因素分析

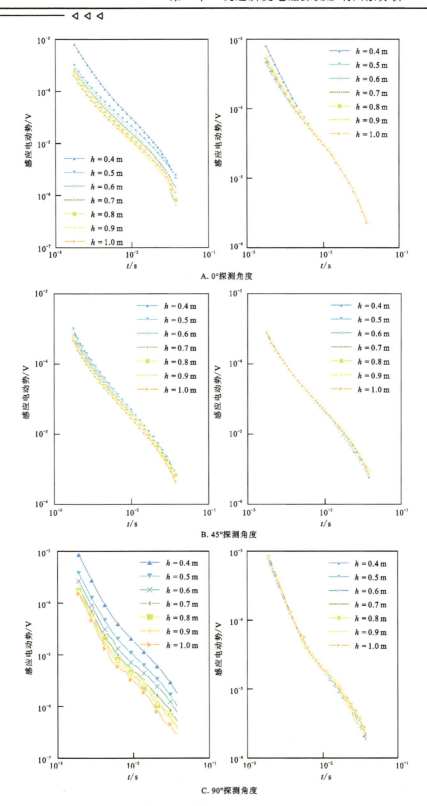

图 5-21　校正前后不同耦合距下的实测感应电动势
左.校正前；右.校正后

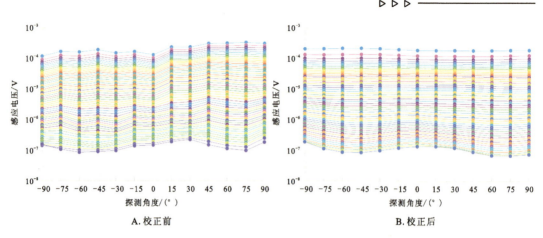

图 5-22 实测感应电压多测道剖面校正前后对比

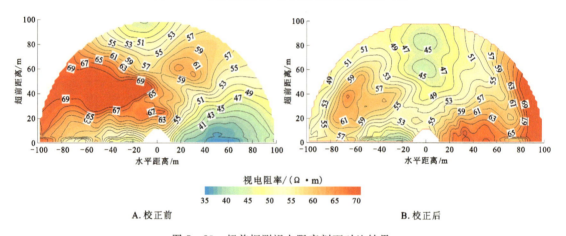

图 5-23 超前探测视电阻率剖面对比结果

基于上述理论研究与实践,可以认为:①当坑道内无金属支护时,耦合距对瞬变电磁场响应影响主要集中在早期,且随瞬变电磁场时间延迟而快速减小,实测瞬变电磁场因一次磁场干扰,有效分辨时间相对滞后,耦合距对实测瞬变电磁场数据的影响基本可以忽略。②当坑道内存在金属支护时,瞬变电磁场曲线存在明显的拐点,其对应时间因围岩电阻率增大而延长;与无金属支护的瞬变电磁场相比,拐点前瞬变电磁场响应幅值受金属影响显著增大且无明显衰减规律;拐点后瞬变电磁场幅值有较大变化,但衰减趋势一致;耦合距对瞬变电磁场观测的影响大,尤其是坑道掘进工作面正前方观测点,其对耦合距的变化更为敏感;不同探测方位不同围岩电阻率及不同耦合距条件下获得的瞬变电磁场响应曲线相关系数趋近于1,曲线之间具有对数平移特性。③针对坑道内存在金属支护时耦合距对瞬变电磁场观测的影响,可以采用瞬变电磁场晚期数据平移校正方法,数值模拟与现场实践表明,该方法可有效消除耦合距差异对瞬变电磁测试结果的影响,其结果较可靠。

但在数值模拟中设置的金属薄层与实际坑道中存在的金属支护情况仍有不同,受限于模拟尺度的差异较大,模拟中对金属支护条件的考虑尚有不足,后续还需进一步深入研究,以更真实地模拟金属体对坑道瞬变电磁场的影响。

第6章 工程实践案例

6.1 坑道超前探测应用

6.1.1 断层富水性探测

安徽某矿210108工作面底板截水巷掘进工作面前方存在Fs_6断层,三维地震资料显示该段断层落差(H)约10m,预计距离掘进工作面约30m,为查明该断层带的含导水性,采用了瞬变电磁法超前探测。

现场探测采用YCS256型本安型瞬变电磁仪,其线圈装置中发射线圈边长为2m,10匝,接收线圈边长为1.2m,20匝,设置观测时间窗口数为256,起止时间为0.216~37.1ms。根据现场坑道掘进工作面宽5m,高4.5m,且坑道两帮金属体分布多,为避免受到严重的金属干扰,现场仅针对坑道掘进工作面正前方进行了测试,共布置10个测点,点距0.3m,如图6-1所示。

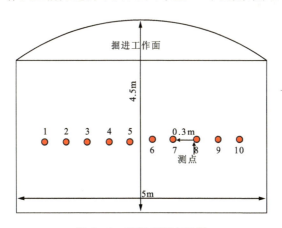

图6-1 现场观测布置图

图6-2为从现场实测感应电动势数据中提取的80测道剖面。从该图中可见,不同测点的感应电动势曲线在横向上变化较小,这与不同测点之间的点距较小有关;但从纵向上(即时间轴上)可以看出,不同测点相同测道表现一定的起伏波动。为了更好地反映坑道掘进工作面前方岩层电性分布特征,分别采用考虑关断时间的全程视电阻率算法和基于发射电流阶跃关断的全程视电阻率算法计算岩层视电阻率,进而获得视电阻率拟断面成像图。

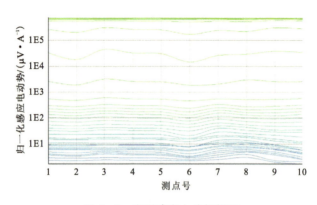

图 6-2 实测感应电动势剖面

图 6-3 分别为全空间线性关断和阶跃关断的全程视电阻率拟断面成像图。从图中可见,两种处理结果在超前距离 d 为 30~45m 段均表现相对低阻,图 6-3A 在该区的低阻表现更为明显。结合坑道地质条件分析,判定坑道掘进工作面前方低阻区即为 Fs_6 断层含导水范围,与以往该坑道探测相比,此次低阻区的视电阻率值并不非常低。因此,综合分析确定测试结果为坑道掘进工作面前方 30~45m 段岩层受 Fs_6 断层影响,但富水性不强。后期坑道揭露该段确实为 Fs_6 断层影响带,坑道掘进时,其顶板有较强的淋水现象。

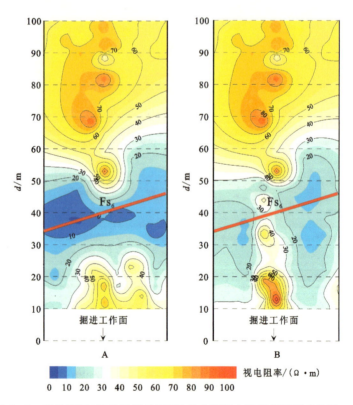

图 6-3 线性关断(A)和阶跃关断(B)的全程视电阻率拟断面成像图

6.1.2 岩溶富水区探测

安徽某矿煤层底板放水掘进坑道位于 C_3^1 灰岩中。该层灰岩距上覆煤层底板法向距离为 15m，C_3^1 灰岩距下伏 $C_3^{3上}$ 灰岩法向距离为 8～12m，$C_3^{3上}$ 厚度平均为 8m，$C_3^{3上}$ 底界距离 $C_3^{3下}$ 顶界约 7m，且 $C_3^{3上}$ 及其下 $C_3^{3下}$ 灰岩为含水层位。据现有掘进资料分析，该两层灰岩富水性不均一性强，其岩溶裂隙发育且含水，在多次掘进过程中，出现灰岩水和瓦斯涌出现象。从已有坑道掘进情况来看，断层构造等地质异常相对发育，易导通底板 $C_3^{3上}$ 和 $C_3^{3下}$ 灰岩水。为保障坑道安全掘进，采用瞬变电磁法超前探测含水区。

从现场地质条件分析，坑道掘进主要受到前方底板岩溶富水区的威胁，因此其探测对象和方位基本明确，据此，在掘进工作面布置扇形观测系统，现场测试俯角 $\gamma=20°$ 底板方向岩层含水性分布特征，其中测点方位、点数如图 6-4 所示。

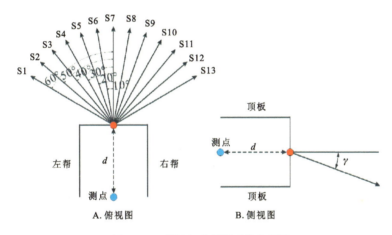

图 6-4 现场扇形观测系统布置图

视电阻率采用考虑关断时间的全程计算方法。按照该坑道以往探测经验，数据解释时以 $20\Omega\cdot m$ 为含水判定标准。图 6-5A 即为坑道超前视电阻率拟断面成像图，图 6-5B 是在此基础上处理的视电阻率扩散叠加拟断面成像图。从图中可见，图 6-5A 中坑道掘进工作面前方底板两侧 10m 范围内有一长低阻带，而图 6-5B 中仅存在一相对聚焦的低阻区，范围较小。从地质角度分析，沿俯角 20°探测时，C_3^1 和 $C_3^{3上}$ 岩层之间夹有泥岩和 C_3^2 灰岩，不含水。因此，图 6-5A 的浅部低阻与地质条件不符。将图 6-5B 中低阻区域换算成垂直深度为 17～24m，位于 $C_3^{3上}$ 和 $C_3^{3下}$ 含水灰岩层内，可解释为含水异常区，从电阻率值大小认为该区含水性不强。

如图 6-6 所示，后期指向异常区的 4 号孔揭露该区岩溶发育，岩体破碎，含水少量，带有充填物。且随着坑道的掘进，在异常区之后揭露多条断层，因此，分析岩体破碎可能是受到 Fx_{14} 断层的影响。钻探验证结果表明，视电阻率扩散叠加结果对异常区判定较好，增强了地质解释效果。

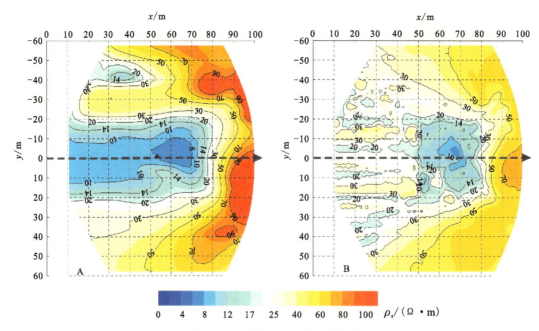

图 6-5 实测瞬变电磁常规视电阻率及其扩散叠加结果图
A.超前视电阻率拟断面成像图;B.视电阻率扩散叠加拟断面成像图

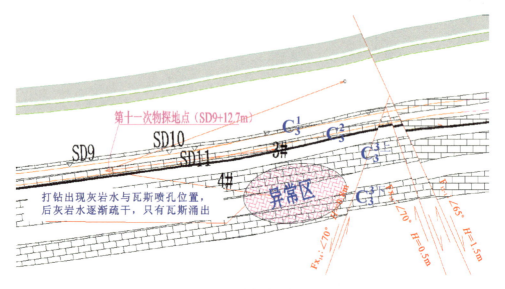

图 6-6 钻探验证结果

6.1.3 煤坑掘进跟踪探测

安徽淮北某矿为大水矿井,坑道掘进过程中面临水害威胁严重。该矿Ⅲ1012工作面开采煤层为6煤,煤层厚度变化较大,平均3.5m,局部还受古河床冲刷变薄、尖灭。该工作面水文地质条件复杂,主要受到煤层底板灰岩水和顶板砂岩水的威胁。由于该工作面所在区域地质条件变化大,断层等地质构造较为发育,水文地质情况认识不清,对坑道掘进施工影响大。因此,坑道掘进时采取"先探后掘,边探边掘"的预防措施,现场采用四断面瞬变电磁法进行超前预测预报,测试结果为超前钻探孔定位及矿井防治水技术措施制定提供依据。

按照四断面瞬变电磁法测试的布置要求,现场采用扇形观测方式,共完成仰角45°、顺层、俯角45°及竖直4个剖面测试,每个剖面布置13个测点。数据采集时,坑道掘进工作面平整,金属干扰较弱,仅在工作面局部分布有1~2根锚杆,工作面靠顶板布有锚网。数据整体采集质量较好,可靠性高。

探测解释以顺层剖面为主,判断坑道掘进工作面前方相对低阻区;同时以仰角剖面判断顶板方向,以俯角剖面判断底板方向,并以竖直剖面确定异常区具体位置。图6-7为J4+35m处超前探测4个剖面的视电阻率等值线图,其中图6-7D为顶板至底板的竖直扇形剖面。根据测区内煤岩体地质特征及探测经验,将低于20Ω·m的区域解释为低阻异常区。

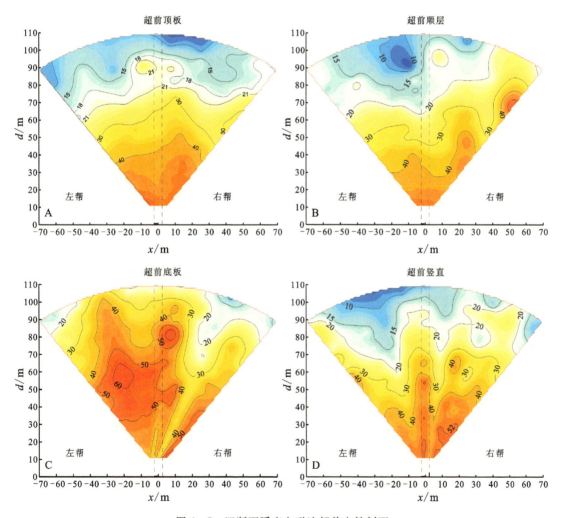

图6-7 四断面瞬变电磁法超前电性剖面
A.仰角45°;B.顺层;C.俯角45°;D.竖直

探测控制距离为坑道掘进工作面前方 10~110m,即 J4+45m 至 J4+145m 范围,0~10m 为浅部勘探盲区。测区内电阻率分布在 0~60Ω·m,大部分测区表现高视电阻率值,仅在 J4+105m 至 J4+145m 段顶板 30m 内岩层低阻特征明显,且底板断面中未呈现低阻异常,而竖直剖面反映其在顶板岩层中具有一定的影响范围。因此,推断测区内煤岩层整体赋水性不强,而低阻区为顶板砂岩裂隙含水的表现。

图 6-8 为图 6-7 中探测对应的超前竖直电阻率剖面的探采验证对比图。从图中可见,在断层位置处视电阻率发生明显变化,且由高阻向低阻过渡,在解释的低阻异常区(J4+105m 至 J4+145m 段)顶板淋水现象严重,并且随坑道延伸,水量逐渐增加。

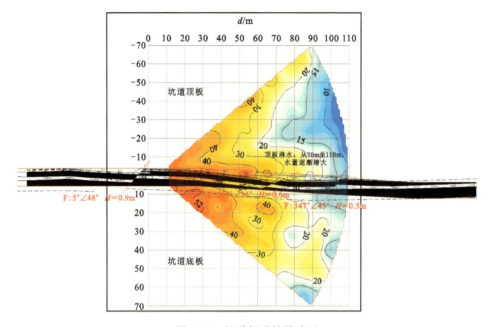

图 6-8 坑道掘进结果验证

该坑道共实施了 8 次连续跟踪超前探测,共完成约 600m 的探测距离,每次测试采用相同的处理方法及解释标准。表 6-1 为 8 次探采对比结果。从该表中可以看出,在坑道掘进过程中,断面中视电阻率分布异常解释与坑道实际所揭露的水文地质异常情况一致性较好,对安全生产指导作用显著。

表 6-1 连续超前探测掘进结果对比

编号	探测位置	预报结果	实际揭露状况
1	J1+15m	测区内整体阻值较高,煤岩层富水性差。坑道掘进工作面前方 30~50m、80~100m 段呈低阻异常	低阻区内揭露小断层,坑道掘进时,顶板有滴淋水
2	J2+63m	测区内整体阻值较高,煤岩层富水性差。坑道掘进工作面前方顺层左侧表现低阻	坑道掘进未揭露地质异常

续表 6-1

编号	探测位置	预报结果	实际揭露状况
3	J4+35m	坑道掘进工作面前方 70~110m 段呈低阻异常	坑道掘进至低阻区内,揭露 2 条小断层,顶板淋水现象严重
4	J6+28m	坑道掘进工作面前方顺层方向 10~30m 段表现低阻异常	坑道掘进揭露 5~26m 段煤层变薄,顺层方向地质体岩性发生变化,顶板有少量滴水
5	J8+44m	测区内整体阻值相对较高,赋水性较差;局部视电阻率畸变段,地质体岩性发生变化	坑道掘进中揭露 3 条小断层,无滴淋水现象
6	J9+78m	坑道掘进工作面前方顺层方向 10~50m 段左侧 30m 阻值偏低,其他赋水性差	该段坑道掘进未揭露地质异常
7	J11+39m	坑道掘进工作面前方 18~65m 段表现低阻异常,含有少量孔隙水	坑道掘进至低阻区内,揭露 4 条小断层,顶板局部有滴淋水现象
8	J13+59m	4 个断面均呈高阻特征,等值线分布不均匀,赋水性差	坑道掘进中揭露 2 条小断层,但无水文地质异常

6.2 采煤面探测应用

6.2.1 采空区富水性探测

根据现有地质资料,某矿 9101 工作面轨道顺槽南侧存在采空区,该采空区积水情况对煤层开采有着重要的影响。因该矿为整合矿井,对采空区积水情况了解不足,是 9101 工作面煤层开采主要水害威胁。为此,现场采用瞬变电磁法进行富水性探测。

本次探测区域为 9101 工作面轨道顺槽,从东到西,起点为 G6 点+64m,终点为 G22 点+10m,共长 1200m。现场探测时根据探测任务,布置 4 个探测方向(图 6-9),分别为该段坑道顶板、底板、左帮和右帮,布置每个方向测点点距为 5m,共测试 964 点。

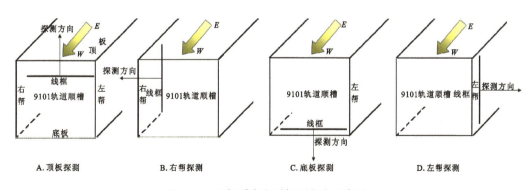

图 6-9 现场瞬变电磁探测方向示意图

通过现场数据采集、后期数据处理，获得 9101 工作面轨道顺槽顶板、底板、左帮和右帮瞬变电磁探测视电阻率拟断面成像图，分别如图 6-10～图 6-13 所示。为便于对比，4 个方向探测的视电阻率拟断面成像图均采用相同的色标，从冷色调到暖色调表现为视电阻率值逐级递增。本次探测最高视电阻率值为 60Ω·m，最低电阻率值为 5Ω·m，并划定 12Ω·m 为视电阻率值异常阈值，即低于 12Ω·m 的区域判定为相对低阻；相反，则为相对高阻。

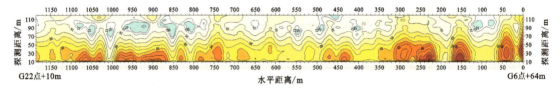

图 6-10 探测区顶板瞬变电磁视电阻率拟断面成像图

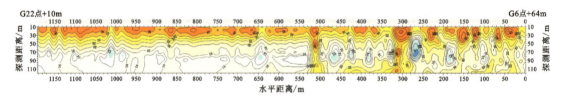

图 6-11 探测区底板瞬变电磁视电阻率拟断面成像图

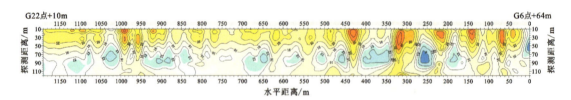

图 6-12 探测区左帮瞬变电磁视电阻率拟断面成像图

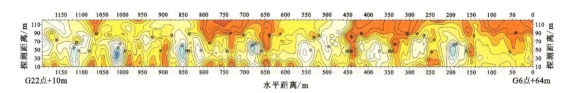

图 6-13 探测区右帮瞬变电磁视电阻率拟断面成像图

顶板岩层电性情况：由图 6-10 可见，探测区顶板方向 70m 范围内岩层视电阻率值均高于 16Ω·m，表明该范围内岩层含水性差；70～100m 段岩层总体视电阻率值位于 12～16Ω·m，局部区域视电阻率值低于 12Ω·m，分析为少量含水裂隙发育所致，其中以 800～850m 段和 950～1050m 段表现相对突出，结合地质资料分析，认为该两处相对低阻异常可能受地质构造影响，判定该两处岩层为相对富水区。

底板岩层电性情况：探测区底板主要为 11 煤层及砂岩，深部为灰岩，依据图 6-11，底板下方 50m 范围内岩层表现高阻，分析为受 11 煤层影响，表明该范围内岩层富水性差；50~100m 范围内岩层电阻率值主要位于 12~16Ω·m 范围内，局部岩层视电阻率值低于 12Ω·m，主要分布在 250~280m 段和 980~1050m 段，分析该两处相对低阻区域为受地质构造影响，底板砂岩含水裂隙发育。

左帮岩层电性情况：由图 6-12 可见，探测区东段 500m 在坑道左帮方向 40m 范围内，岩层均表现高阻，视电阻率值大于 25Ω·m，表明该段岩层富水性差，与前期坑道掘进超前钻探结果相符；坑道里段 700m，由东至西，坑道距离小窑采空区边界趋近，该段探测距离 40m 范围内岩层视电阻率值相对外段 500m 相对略有降低，但均分布在 16Ω·m 以上，认为探测区南侧 40m 范围内岩层富水性差；而 40~100m 段的岩层视电阻率值总体位于 10~16Ω·m，存在多处区域视电阻率值低于 12Ω·m，分析认为坑道南侧该段岩层具有一定富水性。富水性相对较强区域主要分布在 230~280m 段、350~400m 段、830~940m 段和 1010~1130m 段，煤层回采中必须重点关注轨道顺槽南侧岩层含水特征的变化。

右帮岩层电性情况：探测区右帮面向 9101 工作面内方向，主要为顺煤层方向，为高电阻率值区域。由图 6-13 可见，该断面内岩层视电阻率值总体分布在 20Ω·m 以上，与实际较为相符。

后经现场钻探验证，揭露上述探测区左帮相对较强富水区内均有大量出水，反映此次瞬变电磁探测结果较为可靠，保障了煤层工作面的安全回采。

6.2.2 顶板富水性探测

陕西某煤矿 1304 工作面为该矿首采工作面 1307 后的接替面。三维地震资料显示，1304 工作面内部存在一处断距为 0~15m 的断层。根据水文地质资料，该工作面 3 煤层顶板以上 35~50m 的延安组砂岩段以及 3 煤顶板上 65~110m 的直罗组砂岩段为含水层位（工作面里外有差异）。在工作面回采期间顶板砂岩水有可能顺冒落裂隙带或隐伏构造涌入工作面，对工作面安全回采构成一定威胁。为满足 1304 工作面的安全开采需要，在工作面回采前采用瞬变电磁法对煤层顶板富水性进行探查，为该工作面探放水工作的设计、实施及安全回采提供参考依据。

现场在 1304 工作面轨道顺槽、运输顺槽及高错巷顶板布置测线，向工作面顶板方向和面内分别布置 60°、45°、30°、顺层 0°方向和面外顶板 45°方向进行探测（图 6-14），每 10m 采集一个点，共 356 个点。由于数据采集为空间多角度立体采集方式，可对不同探测角度数据进行视电阻率叠加偏移成像处理。图 6-15 即为顶板视电阻率空间偏移成像结果图。

图 6-16 显示了 1304 工作面顶板 80m 深度电性分布特征，解释了 5 个低阻异常区。实际在工作面回采过程中，在异常区 2 附近顶板滴淋水现象严重，当工作面回采推进至异常区 3 附近，顶板存在严重出水现象（图 6-17），且持续时间长达 20 天，造成工作面生产暂停，经矿方分析为顶板深部砂岩富水且受煤层采动影响，顶板发育裂隙与上覆含水层导通所致。该案例反映视电阻率叠加偏移方法提高了瞬变电磁远距离探测结果的可靠性。

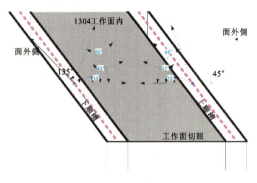
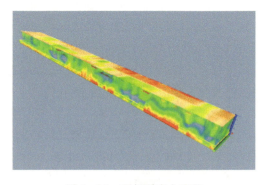

图 6-14　瞬变电磁观测布置图　　　　图 6-15　顶板瞬变电磁视
　　　　　　　　　　　　　　　　　　　　电阻率叠加偏移成像

6.2.3　底板富水性探测

安徽某矿 1613A 工作面为该矿西三 1 煤上采区第三个块段,在该工作面下部出现异常出水点。为了有效防范工作面底板灰岩水经过断层、裂隙带等涌入工作面,需实施水害探测工程,以查明工作面及其底板低阻异常区。由于水文地质条件复杂,现场利用该工作面底板的 1613A 底抽巷和－600m 疏水巷联合开展三维电法、透视电法和瞬变电磁法综合物探工程,便于方法之间相互佐证,圈定核心异常区。

现场 1613A 底抽巷的瞬变电磁法控制测线长 440m,－600m 疏水巷测线长 450m,共布置测点 180 个,点距 5m。在每个测点测量 4 个方向,分别是工作面斜下 45°方向、工作面斜下 60°方向、工作面斜下 75°方向以及垂直坑道底板方向。数据观测为立体多角度空间布置,可以采用视电阻率叠加偏移成像处理。三维电法在 1613A 底抽巷测线长 600m,在－600m 疏水巷测线长 570m。测点距为 5m,共 234 个测点,数据采用三维电阻率反演处理。透视电法在 1613A 底抽巷和－600m 疏水巷测线长均为 700m,发射点距为 50m,接收点距为 10m,两条测线分别布置 15 个发射点,71 个接收点,数据采用电场射线反演处理。

图 6-18 给出了工作面底板三灰层位综合物探方法的参数结果。对比可见,在出水点附近,三维电法、透视电法和瞬变电磁法测试结果均有较好的低阻或高导异常显示,钻孔资料给出该出水点在钻杆未取出时的初始水量为 $3m^3/h$,水压 5.8MPa,水温 40.5℃,后水量逐渐达到 $220m^3/h$,且出水持续时间长。此外,瞬变电磁法结果与三维电法和透视电法的结果均有不同程度的覆盖。对于覆盖区,均开展了钻孔验证,验证了综合物探方法的可靠性。该案例采用综合物探和钻孔对比分析,表明了瞬变电磁视电阻率偏移成像结果具有较好的可靠性。

第 6 章 工程实践案例

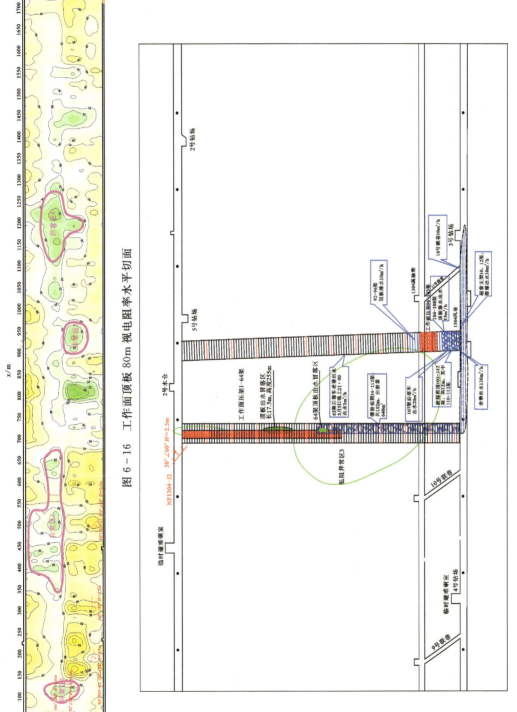

图 6-16 工作面顶板 80m 视电阻率水平切面

图 6-17 工作面回采过程中顶板突水结果

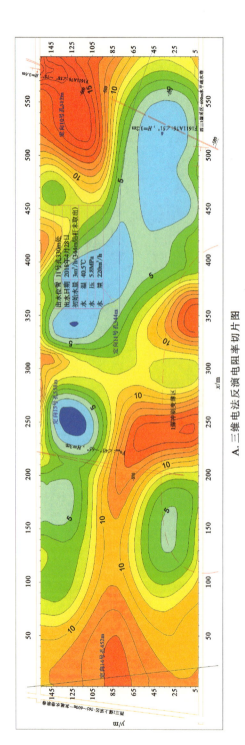

A. 三维电法反演电阻率切片图

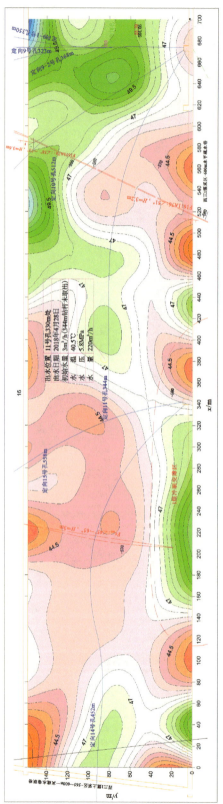

B. 透视电法反演电导率平面图

第 6 章 工程实践案例

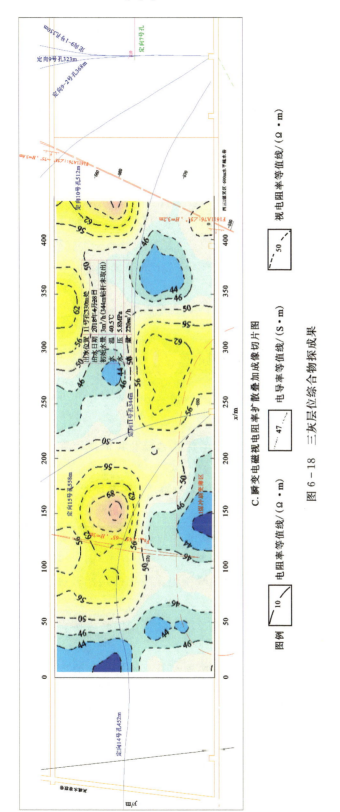

图 6-18 三灰层位综合物探成果

主要参考文献

白登海,MEJUM A,2001.瞬变电磁法中两种关断电流对响应函数的影响及其应对策略[J].地震地质,23(2):235-251.

白登海,MEJUM A,卢健,等,2003.时间域瞬变电磁法中心方式全程视电阻率的数值计算[J].地球物理学报,46(7):697-704.

曹立斌,2004.瞬变电磁测深资料反演——逐步缩小搜索范围的演化算法[J].勘探地球物理进展,27(2):108-111.

陈明生,田小波,1999.电偶源瞬变电磁测深研究(五)——实测感应电压转换成垂直磁场[J].煤田地质与勘探,27(5):63-65.

陈清礼,2009.瞬变电磁法全区视电阻率的二分搜索算法[J].石油天然气学报(江汉石油学院学报),31(2):45-49.

陈兴海,张平松,江晓益,等,2014.水库大坝渗漏地球物理检测技术方法及进展[J].工程地球物理学报,11(2):160-165.

程久龙,陈丁,薛国强,等,2016.矿井瞬变电磁法超前探测合成孔径成像研究[J].地球物理学报,59(2):731-738.

程久龙,李明星,肖艳丽,等,2014.全空间条件下矿井瞬变电磁法粒子群优化反演研究[J].地球物理学报,57(10):3478-3484.

程久龙,邱浩,叶云涛,等,2013.矿井瞬变电磁法波场变换与数据处理方法研究[J].煤炭学报,38(9):1646-1650.

丁艳飞,白登海,许诚,2012.均匀半空间表面大定源瞬变电磁响应的快速算法[J].地球物理学报,55(6):2087-2096.

范涛,李文刚,王鹏,等,2013.瞬变电磁拟MT深度反演方法精细解释煤矿岩层富水性研究[J].煤炭学报,38(S1):129-135.

范涛,赵兆,吴海,等,2014.矿井瞬变电磁多匝线圈互感影响消除及曲线偏移研究[J].煤炭学报,39(5):932-940.

付志红,孙天财,陈清礼,等,2008.斜阶跃场源瞬变电磁法的全程视电阻率数值计算[J].电工技术学报,23(11):15-20.

付志红,周雒维,2008.瞬变电磁法高动态电流陡脉冲发射电路研究[J].中国电机工程学报,28(33):44-48.

傅良魁,1983.电法勘探教程[M].北京:地质出版社.

主要参考文献

傅雪海,李升,于景邨,等,2014.煤层气井排采过程中煤储层水系统的动态监测[J].煤炭学报,39(1):26-31.

高本庆,1995.时域有限差分法[M].北京:国防工业出版社.

葛德彪,闫玉波,2005.电磁波时域有限差分方法[M].2版.西安:西安电子科技大学出版社.

国家煤矿安全监察局,2018.煤矿防治水细则[M].北京:煤炭工业出版社.

国家统计局.中华人民共和国2021年国民经济和社会发展统计公报[EB/OL].(2022-02-28)[2023-10-20].https://www.stats.gov.cn/sj/zxfb/202302/t20230203_1901393.html.

国务院新闻办公室,2020.新时代的中国能源发展[M].北京:人民出版社.

韩自强,2022.隧道掌子面附近金属物对瞬变电磁超前地质预报数据的影响及校正研究[J].地球物理学进展,37(2):824-835.

胡博,2010.矿井瞬变电磁场数值模拟的边界元法[D].徐州:中国矿业大学.

胡雄武,2015.巷道前方含水体的瞬变电磁响应及探测技术研究[D].合肥:安徽理工大学.

胡雄武,张平松,2016.坑道含水围岩瞬变电磁响应数值模拟研究[J].合肥工业大学学报(自然科学版),39(8):1127-1132.

胡雄武,张平松,程桦,等,2013.井下瞬变电磁法超前探测中锚杆干扰定量评价[J].岩石力学与工程学报,32(S2):3275-3282.

胡雄武,张平松,吴荣新,等,2010.矿井多极供电电阻率法超前探测技术研究[J].地球物理学进展,25(5):1709-1715.

胡雄武,张平松,吴荣新,等,2014c.坑道瞬变电磁全程数据分析及1:1含水模型试验研究[J].岩土工程学报,36(11):2103-2109.

胡雄武,张平松,严家平,等,2014a.坑道掘进瞬变电磁超前探水解释方法的改进研究[J].岩土工程学报,36(4):654-661.

胡雄武,张平松,严家平,等,2014b.矿井瞬变电磁超前探测视电阻率扩散叠加解释方法[J].煤炭学报,39(5):925-931.

黄少泽,2012.瞬变线圈方位调控装置:CN201120234412.3[P].2012-03-28.

嵇艳鞠,林君,王忠,2007.瞬变电磁接收装置对浅层探测的畸变分析与数值剔除[J].地球物理学进展,22(1):262-267.

嵇艳鞠,林君,于生宝,等,2006.ATTEM系统中电流关断期间瞬变电磁场响应求解的研究[J].地球物理学报,49(6):1884-1890.

姜国庆,程久龙,孙晓云,等,2014.全空间瞬变电磁全区视电阻率优化二分搜索算法[J].煤炭学报,39(12):2482-2488.

姜志海,2008.巷道掘进工作面瞬变电磁超前探测机理与技术研究[D].徐州:中国矿业大学.

蒋邦远,1998.实用近区磁源瞬变电磁法勘探[M].北京:地质出版社.

邝向军,2006.矩形载流线圈的空间磁场计算[J].四川理工学院学报(自然科学版),19(1):17-20.

况晓静,2010.高阶紧致格式时域有限差分方法的研究[D].合肥:安徽大学.

李连崇,唐春安,梁正召,等,2009.煤层底板陷落柱活化突水过程的数值模拟[J].采矿与安全工程学报,26(2):158-162.

李文翰,刘斌,李术才,等,2020.基于高性能瞬变电磁辐射源的城市地下空间多分辨成像方法研究[J].地球物理学报,63(12):4553-4564.

李貅,2002.瞬变电磁测深的理论与应用[M].西安:陕西科学技术出版社.

李貅,武军杰,曹大明,等,2006.一种隧道水体不良地质体超前地质预报方法——瞬变电磁法[J].工程勘察(3):71-75.

李貅,薛国强,郭文波,2007.瞬变电磁法拟地震成像研究进展[J].地球物理学进展,22(3):811-816.

李云波,李好,2013.矿井瞬变电磁法富水体超前探测原理及应用研究[J].矿业安全与环保,40(2):69-72.

李志旋,岳明鑫,周官群,2019.三维电磁扩散场数值模拟及磁化效应的影响[J/OL].物理学报,68(3):030201[2022-06-20].https://doi.org/10.7498/aps.68.20181567.

梁庆九.一种双发射线圈瞬变电磁组合装置:CN111965715A[P].2020-11-20.

廖振鹏,2001.透射边界与无穷远辐射条件[J].中国科学(E辑),31(3):254-262.

廖振鹏,周正华,张艳红,2002.波动数值模拟中透射边界的稳定实现[J].地球物理学报,45(4):533-545.

林君,王琳,王晓光,等,2016.矿井瞬变电磁探测中空芯线圈传感器的研制[J].地球物理学报,59(2):721-730.

林晓,李培根,2012.带有可调发射线圈的矿用瞬变电磁仪:CN201120494568.5[P].2012-07-11.

林晓,李培根,许能清,2015.煤矿井下瞬变电磁仪去除电磁干扰信号的方法:CN201110037629.X[P].2015-09-23.

刘盛东,刘静,岳建华,2014.中国矿井物探技术发展现状和关键问题[J].煤炭学报,39(1):19-25.

刘盛东,张平松,2008.地下工程震波探测技术[M].徐州:中国矿业大学出版社.

刘树才,刘志新,姜志海,2005.瞬变电磁法在煤矿采区水文勘探中的应用[J].中国矿业大学学报,34(4):414-417.

刘志新,2007.矿井瞬变电磁场分布规律与应用研究[D].徐州:中国矿业大学.

刘志新,刘树才,刘仰光,2009.矿井富水体的瞬变电磁场物理模型实验研究[J].岩石力学与工程学报,28(2):259-266.

刘志新,于景邨,郭栋,2006.矿井瞬变电磁法在水文钻孔探测中的应用[J].物探与化探,30(1):59-61,70.

刘志新,岳建华,刘仰光,2007.扇形探测技术在超前探测中的应用研究[J].中国矿业大学学报,36(6):822-825.

刘最亮,王鹤宇,冯兵,等,2019.基于电性标志层识别的瞬变电磁精准处理技术[J].煤炭学报,44(8):2346-2355.

罗国平,魏凤英,2000.瞬变电磁法磁场及其视电阻率研究[J].中国煤田地质,12(2):60-62.

孟庆鑫,潘和平,2013.井中磁源瞬变电磁三维时域有限差分数值模拟[J].中南大学学报(自然科学版),44(2):649-655.

牛之琏,2007.时间域瞬变电磁法原理[M].长沙:中南大学出版社.

潘利润,卢海,刘长会,2010.瞬变电磁法在矿井超前探测中的应用及研究[J].能源技术与管理(6):6-7.

彭苏萍,2020.我国煤矿安全高效开采地质保障系统研究现状及展望[J].煤炭学报,45(7):2331-2345.

朴化荣,1990.电磁测深法原理.北京:地质出版社.

漆泰岳,谭代明,吴占瑞,2013.隧道全空间瞬变电磁响应的物理模拟[J].现代隧道技术,50(1):53-59.

乔伟,2011.矿井深部裂隙岩溶富水规律及底板突水危险性评价研究[D].徐州:中国矿业大学.

石显新,闫述,傅君眉,等,2009.瞬变电磁场探测中低阻屏蔽层影响的时-频分析[J].煤田地质与勘探,37(2):51-54.

宋维琪,仝兆岐,2000.3D瞬变电磁场的有限差分正演计算[J].石油地球物理勘探,35(6):751-756.

孙怀凤,李术才,李貅,等,2011.隧道瞬变电磁多点阵列式探测方法研究[J].岩石力学与工程学报,30(11):2225-2233.

孙怀凤,李貅,李术才,等,2013.考虑关断时间的线圈源激发TEM三维时域有限差分正演[J].地球物理学报,56(3):1049-1064.

孙怀凤,吴启龙,陈儒军,等,2018.浅层岩溶瞬变电磁响应规律试验研究[J].岩石力学与工程学报,37(3):652-661.

孙怀凤,张诺亚,柳尚斌,等,2019.基于L1范数的瞬变电磁非线性反演[J].地球物理学报,62(12):4860-4873.

孙天财,2008.发射电流波形对瞬变电磁测量结果影响及校正的研究[D].重庆:重庆大学.

孙玉国,谭代明,2010.全空间效应下瞬变电磁法三维数值模拟[J].铁道工程学报(3):76-80.

谭代明,2009.隧道超前探水全空间瞬变电磁理论及其应用研究[D].成都:西南交通大学.

汤金云,于景邨,王扬州,等,2008.矿井瞬变电磁人文噪声干扰及处理技术研究[J].煤矿开采,13(2):32-34.

王华军,2008.时间域瞬变电磁法全区视电阻率的平移算法[J].地球物理学报,51(6):1936-1942.

王华军,2010.阻尼系数对瞬变电磁观测信号的影响特征[J].地球物理学报,53(2):428-434.

王卫军,赵延林,李青锋,等,2010.矿井岩溶突水灾变机理[J].煤炭学报,35(3):443-448.

吴小平,汪彤彤,2003.利用共轭梯度算法的电阻率三维有限元正演[J].地球物理学报,46(3):428-432.

席振铢,龙霞,周胜,等,2016.基于等值反磁通原理的浅层瞬变电磁法[J].地球物理学报,59(9):3428-3435.

熊彬,2005.大回线瞬变电磁法全区视电阻率的逆样条插值计算[J].吉林大学学报(地球科学版),35(4):515-519.

薛国强,李貅,2008.瞬变电磁隧道超前预报成像技术[J].地球物理学报,51(3):894-900.

薛国强,于景邨,2017.瞬变电磁法在煤炭领域的研究与应用新进展[J].地球物理学进展,32(1):319-326.

闫述,陈明生,2005.瞬变电磁场资料的联合时-频分析解释[J].地球物理学报,48(1):203-208.

闫述,石显新,2004.井下全空间瞬变电磁法FDTD计算中薄层和细导线的模拟[J].煤田地质与勘探,32(z1):87-89.

杨海燕,2009.矿用多匝小回线源瞬变电磁场数值模拟与分布规律研究[D].徐州:中国矿业大学.

杨海燕,邓居智,汤洪志,等,2014.全空间瞬变电磁法资料解释方法中的平移算法[J].吉林大学学报(地球科学版),44(3):1012-1017.

杨海燕,邓居智,张华,等,2010.矿井瞬变电磁法全空间视电阻率解释方法研究[J].地球物理学报,53(3):651-656.

杨海燕,李锋平,岳建华,等,2016.基于"烟圈"理论的圆锥型场源瞬变电磁优化反演[J].中国矿业大学学报,45(6):1230-1237.

杨海燕,岳建华,2008a.瞬变电磁法中关断电流的响应计算与校正方法研究[J].地球物理学进展,23(6):1947-1952.

杨海燕,岳建华,2008b.巷道影响下三维全空间瞬变电磁法响应特征[J].吉林大学学报(地球科学版),38(1):129-134.

杨海燕,岳建华,2009.吸收边界条件在全空间瞬变电磁计算中的应用[J].中国矿业大学学报,38(2):263-268.

杨海燕,岳建华,2013.地下瞬变电磁法全区视电阻率核函数算法[J].中国矿业大学学报,42(1):83-87.

杨海燕,岳建华,胡文武,等,2007.多匝回线的自感对瞬变电磁早期信号的影响特征[J].物探化探计算技术,29(2):96-98.

杨海燕,岳建华,李锋平,2019.斜阶跃电流激励下多匝小回线瞬变电磁场延时特征[J].地球物理学报,62(9):3615-3628.

杨海燕,岳建华,刘志新,2006.矿井瞬变电磁法多匝小回线装置电感效应的理论研究[J].吉林大学学报(地球科学版),36(S1):168-171.

杨海燕,岳建华,王梦倩,等,2007.矿井瞬变电磁法中多匝回线电感对目标体探测的影响[J].物探与化探,31(1):34-37.

杨云见,王绪本,何展翔,2006.瞬变电磁法中的斜阶跃波效应及常规的几种校正方法分析[J].物探化探计算技术,28(2):129-132.

于景邨,2001.矿井瞬变电磁法理论与应用技术研究[D].徐州:中国矿业大学.

于景邨,2007.矿井瞬变电磁法勘探[M].徐州:中国矿业大学出版社.

于景邨,刘树才,王扬州,2008.坑道内金属体瞬变电磁响应特征及处理技术[J].煤炭学报,33(12):1403-1407.

于景邨,刘志新,刘树才,等,2007.深部采场突水构造矿井瞬变电磁法探查理论及应用[J].煤炭学报,32(8):818-821.

于景邨,刘志新,汤金云,等,2007.用瞬变电磁法探查综放工作面顶板水体的研究[J].中国矿业大学学报,36(4):542-546.

袁亮,张平松,2019.煤炭精准开采地质保障技术的发展现状及展望[J].煤炭学报,44(8):2277-2284.

岳建华,姜志海,2006.矿井瞬变电磁探测技术与应用[J].能源技术与管理(5):72-75.

岳建华,杨海燕,2008.巷道边界条件下矿井瞬变电磁响应研究[J].中国矿业大学学报,37(2):152-156.

岳建华,杨海燕,胡博,2007.矿井瞬变电磁三维时域有限差分数值模拟[J].地球物理学进展,22(6):1904-1909.

占文峰,王强,牛学超,2010.采空区矿井瞬变电磁法探测技术[J].煤炭科学技术,38(8):115-117.

张欢,彭刘亚,2010.矿井瞬变电磁场井下人文噪声干扰物理模拟[J].工程地球物理学报,7(6):679-683.

张辉,李桐林,董瑞霞,2006.体积分方程法模拟电偶源三维电磁响应[J].地球物理学进展,21(2):386-390.

张军,赵莹,李萍,2012.矿井瞬变电磁法在超前探测中的应用研究[J].工程地球物理学报,9(1):49-53.

张平松,李永盛,胡雄武,2012.坑道掘进瞬变电磁超前探水技术应用分析[J].岩土力学,33(9):2749-2753.

张平松,刘盛东,曹煜,2009.坑道掘进立体电法超前预报技术研究[J].中国煤炭地质,21(2):50-53.

张平松,刘盛东,李培根,等,2011.矿井瞬变电磁探测技术系统与应用[J].地球物理学进展,26(3):1107-1114.

张平松,欧元超,李圣林,2021.我国矿井物探技术及装备的发展现状与思考[J].煤炭科学技术,49(7):1-15.

张爽,何胜,陈曙东,2014.高次互感响应对瞬变电磁系统标定的影响[J].地球物理学进展,29(1):191-196.

张爽,刘紫秀,陈曙东,2014.瞬变电磁传感器阻尼特性的标定研究[J].地球物理学报,57(2):662-670.

张星辉,何钰,徐行可,2007.任意两共轴圆线圈间的互感系数及磁感线的分布[J].大学物理,26(7):21-24.

张永超,王光杰,李宏杰,等,2021.基于吸收边界条件的瞬变电磁法三维矢量有限元快速正演[J].地球物理学报,64(3):1106-1118.

赵铁锤,2006.坚持"十六字"原则　落实"五项"措施　努力构建煤矿水害防治长效机制[J].当代矿工(7):6-8.

郑君里,应启珩,杨为理,2000.信号与系统(下册)[M].2版.北京:高等教育出版社.

中国新闻网,2011.煤监局:吸取水害事故教训　加强煤矿防治水工作[EB/OL].(2011-08-03)[2023-02-20].http://www.chinanews.com/gn/2011/08-03/3229698.shtml.

BERENGER J P,1994. A perfectly matched layer for the absorption of electromagnetic waves[J]. Journal of Computational Physics,114(2):185-200.

BERENGER J P,1996. Perfectly matched layer for the FDTD solution of wave-structure interaction problem[J]. IEEE Transactions on Antennas Propagation,44(1):110-117.

BERENGER J P,1996. Three-dimensional perfectly matched layer for the absorption of electromagnetic waves[J]. Journal of Computational Physics,127(2):363-379.

CHANG J H,YU J C,LIU Z X,2016. Three-dimensional numerical modeling of full-space transient electromagnetic responses of water in goaf[J]. Applied Geophysics,13(3):539-552.

CHANG J H,YU J C,SU B Y,2017. Numerical simulation and application of mine TEM Detection in a hidden water-bearing coal mine collapse column[J]. Journal of Environmental and Engineering Geophysics,22(3):223-234.

COMMER M,NEWMAN G A,2004. A parallel finite-difference approach for 3D transient electromagnetic modeling with galvanic sources[J]. Geophysics,69(5):1192-1202.

ENGQUIST B,MAJDA A,1977. Absorbing boundary conditions for the numerical simulation of waves[J]. Mathematics of the Computation,31(139):629-651.

FITTERMAN D V,ANDERSON W L,1987. Effect of transmitter turn-off time on transient soundings[J]. Geoexploration,24(2):131-146.

FU ZH, WANG H W, WANG Y, et al., 2019. Elimination of mutual inductance effect for small-loop transient electromagnetic devices[J]. Geophysics, 84(3): E143 – E154.

HU X W, HAN D, MAVOUNGOU DM N, 2022. Roadway transient electromagnetic signal analysis and its testing system improvement[J]. Exploration Geophysics, 53(3): 255 – 261.

HU X W, ZHANG P S, YAN J P, et al., 2013. Analysis on the interference experiment of bolt during advanced detection with mine transient electromagnetic method[J]. Journal of Coal Science and Engineering (China)(3): 407 – 413.

KAMENETSKY F, OELSNER C, 2000. Distortions of EM transinents in coincident loops at shot time-delays[J]. Geophysical Prospecting, 48(6): 983 – 993.

KAUFMAN A A, EATON P A, 2002. The theory of inductive prospecting[M]. Amsterdam: Elsevier.

KOZHEVNIKOV N O, 2016. Current turn-off in an ungrounded horizontal loop: experiment and theory[J]. Russian Geology and Geophysics, 57(3): 498 – 505.

LI M X, CHENG J Y, WANG P, et al., 2019. Transient electromagnetic 1D inversion based on the PSO-DLS combination algorithm[J]. Exploration Geophysics, 50(5): 472 – 480.

LOSETH L, PEDERSEN H, URSIN B, et al., 2006. Low-frequency electromagnetic fields in applied geophysics: waves or diffusion[J]. Geophysics, 71(4): W29 – W40.

LU T, LIU S D, WANG B, et al., 2017. A review of geophysical exploration technology for mine water disaster in China: applications and trends[J]. Mine Water and the Environment, 36: 331 – 340.

MUR G, 1981. Absorbing boundary conditions for the finite-difference approximation of the time-domain electromagnetic field equations[J]. IEEE Transactions on Electromagnetic Compatibility, EMC – 23(4): 377 – 382.

NABIGHIAN M N, 1988. Electromagnetic methods in applied geophysics: Voume 1, theory[M]. Tulsa, OK: Society of Exploration.

NEWMAN G A, COMMER M, 2005. New advances in three dimensional transient electromagnetic inversion[J]. Geophysical Journal International, 160(1): 5 – 32.

ORISTAGLIO M L, HOHMANN G W, 1984. Diffusion of electromagnetic fields into a two-dimensional earth: a finite-difference approach[J]. Geophysics, 49(7): 870 – 894.

PODDAR M, 1983. A rectangular loop source of current on multilayered earth[J]. Geophysics, 48(1): 107 – 109.

QI Y Z, EL-KALIOUBY H, REVIL A, et al., 2019. Three-dimensional modeling of frequency- and time-domain electromagnetic methods with induced polarization effects[J]. Computers & Geosciences, 124: 85 – 92.

RAVENHURST W R,1998. Step and impulse calculations from pulse-type time-domain electromagnetic data[J]. SEG Technical Program Expanded Abstracts 1998,68:814-816.

RICHARD S S,BALCHZ S J,2000. Robust estimation of the band-limited inductive-limit response from impulse-response TEM measurements taken during the transmitter switch-off and the transmitter off-time:theory and an example from Voisey's Bay,Labrador,Canada[J]. Geophysics,65(2):476-481.

SACKS Z S,KINGSLAND D M,LEE R,et al. ,1995. A perfectly matched anisotropic absorber for use as an absorbing boundary condition[J]. IEEE Transactions on Antennas and Propagation,43(12):1460-1463.

SHI Z Y,LIU L H,XIAO P,et al. ,2018. Simulation and analysis of the effect of ungrounded rectangular loop distributed parameters on TEM response[J]. Journal of Applied Geophysics,149:105-113.

SULLIVAN D M,2000. Electromagnetic simulation using the FDTD method[M]. New York:IEEE Press.

TAYLOR A,BRODWIN M E,1975. Numerical solution of steady-state electromagnetic scattering problems using the time-dependent Maxwell's equations[J]. IEEE Transactions on Microwave Theory and Techniques,23(8):623-630.

UM E S,HARRIS J M,ALUMBAUGH D L,2010. 3D time-domain simulation of electromagnetic diffusion phenomena:a finite-element electric-field approach[J]. Geophysics,75(4):F115-F126.

WAIT J R,1951. Transient EM propagation in a conducting medium[J]. Geophysics,16(2):213-221.

WANG P,YAO W H,GUO J L,et al. ,2021. Detection of shallow buried water-filled goafs using the fixed-loop transient electromagnetic method:a case study in Shaanxi,China[J]. Pure and Applied Geophysics,178:529-544.

WANG T,HOHMANN W G,1993. A finite-difference,time-domain solution for three-dimensional electromagnetic modeling[J]. Geophysics,58(6):797-809.

WANG T,TRIPP A C,HOHMANN G W,1995. Strudying the TEM response of a 3-D conductor at a geological contact using the FDTD method[J]. Geophysics,60(4):1265-1269.

WARD S H,HOHMANN G W,1988. Electromagnetic theory for geophysical applications[M]//NABIGHIAN M N. Electromagnetic methods in applied geophysics:Volume 1,theory. Tulsa:Society of Exploration Geophysicists:131-312.

YEE K S,1966. Numerical solution of initial boundary value problems involving Maxwell's equations in isotropic media[J]. IEEE Transactions on Antennas and Propagation,14(3):302-307.

ZHDANOV M S, 2009. Geophysical electromagnetic theory and methods[M]. Oxford: Elsevier.

ZHDANOV M S, LEE S K, YOSHIOKA K, 2006. Integral equation method for 3D modeling of electromagnetic fields in complex structures with inhomogeneous background conductivity[J]. Geophysics, 71(6): G333 - G345.

ZHOUG Q, YUEM X, YANGX D, et al., 2020. A metal interference correction method of tunnel transient electromagnetic advanced detection[J]. Journal of Geophysics and Engineering, 17(3): 429 - 438.